商用飞机研制项目管理丛书

商用飞机研制管理
汉英俄术语手册

CHINESE-ENGLISH-RUSSIAN HANDBOOK OF
COMMERCIAL AIRCRAFT ENGINEERING MANAGEMENT TERMS
Китайско-английско-русский сборник терминов по управлению
проектирования коммерческой авиации

主　编◎陈迎春
副主编◎宋丹青　孔　博

西南交通大学出版社
·成都·

图书在版编目（CIP）数据

商用飞机研制管理汉英俄术语手册 / 陈迎春主编.
一成都：西南交通大学出版社，2018.3
ISBN 978-7-5643-6045-0

Ⅰ. ①商⋯ Ⅱ. ①陈⋯ Ⅲ. ①民用飞机－研制－名词
术语－手册－汉、英、俄 Ⅳ. ①V271-61

中国版本图书馆 CIP 数据核字（2018）第 025554 号

Shangyong Feiji Yanzhi Guanli Hanying'e Shuyu Shouce

商用飞机研制管理汉英俄术语手册

主编　陈迎春

责 任 编 辑	张文越
封 面 设 计	严春艳
	西南交通大学出版社
出 版 发 行	（四川省成都市二环路北一段 111 号
	西南交通大学创新大厦 21 楼）
发行部电话	028-87600564　028-87600533
邮 政 编 码	610031
网　　　址	http://www.xnjdcbs.com
印　　　刷	四川森林印务有限责任公司
成 品 尺 寸	170mm×230 mm
印　　　张	22
字　　　数	453 千
版　　　次	2018 年 3 月第 1 版
印　　　次	2018 年 3 月第 1 次
书　　　号	ISBN 978-7-5643-6045-0
定　　　价	98.00 元

"商用飞机研制项目管理丛书"
编委会

主　任：郭博智

副主任：陈迎春

编　委：（按姓氏笔画排序）

王荇卫　付　昱　李　凯　李晓勇

李浩敏　宋文滨　宦承安　姜　群

总　序

　　中国和俄罗斯是具有世界影响力的大国，发展民用航空工业，实现优势互补符合两国发展需求。CR929 宽体客机型号是中俄两国高科技战略合作的重要项目之一，标志着双方的战略合作关系进入了新高度，对于打破宽体客机市场波音公司和空客公司"两强"垄断的局面具有重要意义。随着我国经济的飞速发展，特别是在"一带一路"战略的推动下，人们的商务和旅游出行将更为频繁，航空运输量必将持续的提升，为航空市场的繁荣创造了条件，为宽体客机的生存提供了更大的空间。

　　中俄两国商用飞机技术领域交流由来已久，中国民航先后引进过里－2、伊尔-14、伊尔-62、安-24 和图-154 等众多机型，目前，还有图-154 机型在特殊的运输领域运行。二十世纪七八十年代以后，中俄两国在商用飞机领域的交流上逐渐减少，大量西方客机充斥着中国和俄罗斯民用航空市场。进入二十一世纪后，俄罗斯民用航空工业随着经济形势的变化受到极大制约，逐渐远离民机技术发展的主流，寄希望于 SSJ-100 和 MC-21 飞机改变现状；而中国民用航空工业几经波折，逐渐认识到"造不如买"和"市场换技术"的观念和做法无法振兴民航工业，从而奋发图强，实现了 ARJ21-700 飞机交付运营，C919 飞机成功首飞的中国梦。双方民用航空工业各自经历了数十年的发展，形成了独特的技术、项目和商务管理体系。为了成功顺利地进行宽体客机项目的合作，需要克服诸多的困难，主要包括：一方面，"物"的因素亟待统一，即技术标准、设计保障体系以及技术管理体系的统一与融合面临巨大的挑战；另一方面，"人"的因素亟待融合，即文化差异、商务习惯、研发理念等亦存在较大差异。

　　本套丛书以商用飞机研制项目管理为主题，围绕设计、制造、试验、试飞、适航取证和客户支持等型号开发过程，为项目研制提供有价值的管理信息和工作方法。本套丛书将围绕项目管理的十大要素：项目整合管理、项目范围管理、项目时间管理、项目成本管理、项目质量管理、项目资源管理、项目沟通管理、项目利益管理、项目风险管理和项目采购管理，基于中俄商用飞机研发工程实践的现状，逐步展开论述，达到"既能实现航空工业合作的经验交流，又能为其它领域的合作提供帮助"的目的。

　　本套丛书基于"边探索、边实践、边总结"的实际情况，本着"先行先试、力求客观、再版改进"的原则，尽力为广大读者提供一套有价值的参考工具书。

　　　　　　　　　　　　　　　　　　　　　　　　郭博智
　　　　　　　　　　　　　　　　　　　　　　　　2018 年 2 月

前　言

在飞机研制过程中，一般存在三类主要的管理沟通行为：商务合作、项目管理和技术协调，横跨项目的高层、中层和基层管理团队，包括书面、会议、电话、视频、电子邮件和口头等多种沟通方式。在严谨的研制活动中，尤其需要以书面形式确定双方的责任和义务，主要形式有：谅解备忘录（MOU）、合作意向书（LOI）、合同、工程协调备忘录（ECM）、工程更改建议（ECP）、会议纪要（MoM）和技术报告等。中俄宽体客机项目已经正式启动，牵动双方成千上万的商务、科技、工程和管理人员，协同完成商用飞机的设计、制造、试验、试飞、取证和客户支持等任务，涉及大量广泛而深入的交流与沟通活动。基于平等合作的原则，中俄双方商定英语作为工作语言，这样势必面临"汉俄""汉英"以及"俄英"三语之间的精确转换，因此需要规范双方的用语习惯，确保思想和语义表达的一致性，避免出现因歧义引起的工作障碍。

现有的"汉、英、俄"之间的双语通用词典，在沟通过程中起到较为重要的基础性作用。但是，随着项目不断进展和深入，通用词典逐渐不能满足高效工作的要求，主要表现在如下几个方面：缺乏专业术语、注解不统一以及三语交互困难等问题。经过多年来的探索和实践，我们逐步积累、整理和归纳了若干工程研制过程中的常用术语，用于支持国际商务合同、项目计划管理和工程技术管理等工作。在此基础上编写本书并得以付梓。

本书涉及商务合作、项目管理和工程技术等三个方面的术语，基本涵盖商用飞机项目研制过程中的术语定义，搜集约 2400 多词条。本书拟按三个版本面世，第一版以汉语注释对应汉、英、俄三语术语，第二版以汉英双语注释对应汉、英、俄三语术语，第三版以汉英俄文三语注释对应汉、英、俄三语术语。

　　本书的编写得到中国商飞上海飞机设计研究院同仁的大力支持，受到了国际友人的悉心帮助，其高效的编辑和排版，也得益于西南交大出版社同志们的专业精神，在此，表示钦佩和感谢。

陈迎春

2018 年 2 月

目　录

使用说明

　　本词典术语按照项目管理、技术管理和商务管理分类，每一大类术语单独排序。每个术语按照汉语 → 英语 → 俄语的顺序一一对应，并对术语进行汉语解释和说明。术语排序说明如下：

　　（1）本词典按术语的汉语拼音字母 A、B、C、D…顺序排列。

　　（2）以汉语词汇第一个汉字的拼音音节作为词头按音节次序排列。

　　例如：报（bào）价邀请书、备（bèi）选方案。

　　（3）同音节的汉字按照音调（ā、á、ǎ、à）排列。

　　例如：保（bǎo）证、报（bào）价。

　　（4）若汉语词汇的第一个汉字相同，则以第二个汉字按照上述顺序排列。如再相同，以此类推。

　　例如：安全性大纲、安全性计划。

　　（5）术语中若包含英文字母在汉语词汇之前的，则按照首个英文字 A、B、C、D…顺序排列，且术语排序在不含英文字母的术语之前。

　　为方便读者查阅商用飞机项目相关常用的缩略语，本词典在商务管理术语后附有常用的缩略语汇总，不参与全文的排序。缩略语在编排上采取缩略语、英文全称、中文译文以及俄语译文的形式。排序按照缩略语的首字母 A、B、C、D…顺序，若首字母相同，则按第二个字母，以此类推。

项目管理术语

A

1. 安全性

[英文] Safety

[俄文] Безопасность

[注释] 风险可接受的状态。

2. 安全性大纲

[英文] Safety program

[俄文] Программа безопасности

[注释] 是为了建立其相应的安全性目标与安全性要求，以及保证产品始终满足规定的安全性要求而制定的一套文件。它包括按进度安排的必要的安全性组织机构及其职责，要求实施的工作项目、工作程序和需要的资源等。

3. 安全性关键项目

[英文] Safety critical item (SCI)

[俄文] Критический по безопасности элемент

[注释] 可能导致飞机发生灾难性故障的软件、硬件或软硬件组合。确定安全性关键项目（SCI）的因素是故障引起的后果，而不是故障发生或引起后果的可能性。

4. 安全性计划

[英文] Safety plan

[俄文] План безопасности

[注释] 对用于实施安全性工作的有计划的方法的描述。

5. 安全性目标

[英文] Safety objective

[俄文] Цель безопасности

[注释] 为保证飞机的安全性和对适航规章 CCAR25_1309 中定量要求的符合性，在飞机、系统研制过程中制定的和必须达到的安全性方面的目标。飞机、系统研制的安全性目标一般通过功能危险性评估与相应的安全性分析建立。

6. 安全性需求

[英文] Safety requirement

[俄文] Требование по безопасности

[注释] 基于相关的适航规章，综合考虑可能影响飞机、系统和产品的各种因素和运行状态，在安全性分析和安全性评估的基础上，为了达到飞机或产品的安全性目标和预定的安全性水平，飞机、系统或产品在研制和设计时必须满足的安全性方面的需求。

B

7. 保证

[英文] Assurance

[俄文] Обеспечение

[注释] 为了提供产品或过程满足给定要求的充分置信度而进行的有计划的和系统性的必要行动。

8. 报告系统

[英文] Reporting systems

[俄文] Системы отчетности

[注释] 用于从一个或多个信息管理系统中生成或合并报告，并向项目干系人发送报告的设施、过程和程序。

9. 报价邀请书

[英文] Request for quotation (RFQ)

[俄文] Запрос расценок

[注释] 采购文件的一种，用来向潜在卖方征求对通用或标准产品或服务的报价。有时可用来代替建议邀请书。在某些应用领域，其含义可能更狭窄或更具体。

10. 备选方案分析

[英文] Alternative analysis

[俄文] Анализ альтернатив

[注释] 对于实现特定项目管理目标的不同方法的评估。对运营成本、风险、有效性和运营能力不足等因素进行的比较分析，它需要不同的工具，如生命周期成本，敏感性分析和成本效益分析。通过备选方案分析，确定解决方案，以满足现有或新项目的需要。

11. 备选方案生成

[英文] Alternatives generation

[俄文] Формирование альтернатив

[注释] 一种用来制订尽可能多的可选方案的技术，目的在于识别执行项目工作的不同方法。

12. 变更控制工具

[英文] Change control tools

[俄文] Инструменты управления изменениями

[注释] 辅助变更管理和（或）配置管理的手动或自动的工具。最低限度上，这套工具应该能够支持变更控制委员会的活动。

13. 变更日志

[英文] Change log

[俄文] Журнал изменений

[注释] 一份记录了项目过程中所做变更的综合清单，通常包括变更日期和变更对时间、成本及风险的影响。

14. 标杆对照

[英文] Benchmarking

[俄文] Бенчмаркинг

[注释] 将实际或计划的实践（如流程和操作过程）与其他可比组织的实践进行对照，以便识别最佳实践，形成改进意见，并为绩效考核提供依据。

15. 标准

[英文] Standard

[俄文] Стандарт

[注释] 为相关活动或成果提供可反复使用的通用规则、指南或特性的文件，以便实现既定环境中的最佳秩序。

C

16. 裁剪

[英文] Tailor

[俄文] Подбор

[注释] 对指南中的过程和相关输入输出进行认真挑选，确定将用于全面管理某项目的一些具体过程。

17. 采购工作说明书

[英文] Procurement statement of work

[俄文] Техническое задание на закупку

[注释] 对拟采购项目的详细描述，以便潜在卖方确定他们是否有能力提供这些产品、服务或成果。

18. 采购管理计划

[英文] Procurement management plan

[俄文] План управления закупками

[注释] 项目或项目集管理计划的组成部分，说明项目团队将如何从执行组织外部获取货物和服务。

19. 采购绩效审查

[英文] Procurement performance reviews

[俄文] Обзор эффективностизакупок

[注释] 是一种结构化的审查，依据合同来审查卖方在规定的成本和进度内完成项目范围和达到质量要求的进展情况。

20. 采购审计

[英文] Procurement audits

[俄文] Аудиты закупок

[注释] 对合同和采购过程的完整性、正确性和有效性进行的审查。

21. 采购文件

[英文] Procurement documents

[俄文] Закупочная документация

[注释] 在招投标活动中使用的文件，包括买方的投标邀请书、谈判邀请书、信息邀请书、报价邀请书、建议邀请书，以及卖方的应答。

22. 参数估算

[英文] Parametric estimating

[俄文] Параметрическая оценка

[注释] 基于历史数据和项目参数，使用某种算法来计算成本或持续时间的一种估算技术。

23. 残余风险

[英文] Residual risk

[俄文] Остаточный риск

[注释] 在采取风险应对措施之后仍然存在的风险。

24. 差异

[英文] Variation

[俄文] Вариация

[注释] 不同于基准计划中规定的期望情况的实际情况。

25. 产品 (项目)

[英文] Product

[俄文] Изделие

[注释] 商用飞机项目输出物，包括在全寿命周期内履行功能运行的最终交付物（飞机）和相关辅助产品。辅助产品可以是保证最终交付物运行的相关设备和服务，或在实现最终交付物过程中以某种技术成果形式存在的工作中间产品（如计划、控制基线或试验结果等）。

26. 产品 (全) 寿命周期

[英文] Product life cycle (PLC)

[俄文] Жизненный цикл продукта

[注释] 代表一个产品从概念、交付、成长、成熟到衰退的整个演变过程的一系列阶段。

27. 产品 (全) 寿命周期管理

[英文] Product life cycle management (PLM)

[俄文] Управление жизненным циклом изделия

[注释] 应用相关知识、技能、工具与技术对产品在全寿命周期内的发展及其行政和技术需求进行跟踪、监控和支援的行动。

28. 产品/装配树

[英文] Product & assembly tree (PAT)

[俄文] Дерево изделия и сборки

[注释] 产品架构中反映产品与装配关系的联合分解结构。是一种设计视图和工艺计划视图所共有的子结构。

29. 产品范围

[英文] Product scope

[俄文] Содержание продукта

[注释] 某项产品、服务或成果所具有的特征和功能。

30. 产品范围描述

[英文] Product scope description

[俄文] Описание содержания продукта

[注释] 对产品范围的书面叙述性描述。

31. 产品分析

[英文] Product analysis

[俄文] Анализ продукта

[注释] 在以产品为可交付成果的项目上，用来定义范围的一种工具。通常，针对产品提问并回答，形成对将要生产的产品的用途、特征和其他方面的描述。

32. 产品实现

[英文] Product realization

[俄文] Реализация изделия

[注释] 通过制造、购买或重新使用一个产品，或者将次级已实现产品重新组装和集成为新产品，并通过验证和确认产品满足相应需求后将新产品交付给客户的行为。

33. 成本补偿合同

[英文] Cost-reimbursable contract

[俄文] Контракт с возмещением затрат

[注释] 合同类型的一种，向卖方支付实际成本加费用（通常代表卖方的利

润）。成本补偿合同通常包括激励条款，规定当卖方达到或超过相关项目目标（如进度或总成本目标）时，可以从买方得到一笔激励金或奖金。

34. 成本管理计划

[英文] Cost management plan

[俄文] План управления стоимостью

[注释] 项目或项目集管理计划的组成部分，描述如何规划、安排和控制成本。

35. 成本汇总

[英文] Cost aggregation

[俄文] Суммирование стоимости

[注释] 在项目 WBS（工作分解结构）的某个层次或成本控制账户上，对与各工作包相关的较低层次的成本估算进行汇总。

36. 成本基准

[英文] Cost base line

[俄文] Базовыйпланпостоимости

[注释] 经过批准的、按时间段分配的项目预算，不包括任何管理储备，只有通过正式的变更控制程序才能进行变更。用作与实际结果进行比较。

37. 成本绩效指数

[英文] Cost performance index (CPI)

[俄文] Индекс эффективностисебестоимости (ИВСТ)

[注释] 测量预算资源的成本效率的一种指标，表示为增值与实际成本之比。

38. 成本加固定费用合同

[英文] Cost plus fixed fee contract (CPFF)

[俄文] Контракт Затрат плюс установленное вознаграждение

[注释] 成本补偿合同的一种类型，买方为卖方报销可列支成本（可列支成本由合同确定），再加上一笔固定数额的利润（费用）。

39. 成本加激励费用合同

[英文] Cost plus incentive fee contract (CPIF)

[俄文] Контракт Затрат плюс поощрительное вознаграждение

[注释] 成本补偿合同的一种类型，买方为卖方报销可列支成本（可列支成本由合同确定），并且卖方在达到规定绩效标准时赚取利润。

40. 成本加奖励费用合同

[英文] Cost plus award fee contracts (CPAF)

[俄文] Контракт Затраты плюс премиальные

[注释] 合同的一种类型，即卖方支付已完工作的全部合法实际成本，再加上一笔奖励费用作为卖方的利润。

41. 成本偏差

[英文] Cost variance (CV)

[俄文] Отклонениестоимости

[注释] 在某个给定时间点，预算亏空或盈余量，表示为增值与实际成本之差。

42. 成本效益分析

[英文] Cost-benefit analysis

[俄文] Анализ затраты-выгоды

[注释] 用来比较项目成本和其带来收益的财务分析工具。

43. 成果

[英文] Result

[俄文] Результат

[注释] 实施项目管理过程和活动所产生的输出。成果包括结果（如整合的系统、修订后的过程、重组后的组织、完成的测试、经培训的人员等）和文件（如政策、计划、研究报告、程序、规范、报告等）。比较"产品"，参见"可交付成果"。

44. 程序

[英文] Procedure

[俄文] Процедура

[注释] 用来达成稳定的绩效或结果的既定方法，通常表述为执行某个过程的顺序步骤。

45. 持续时间

[英文] Duration (DU or DUR)

[俄文] Длительность

[注释] 完成某进度活动或工作分解结构组件所需的工作时段总数（不包括节假日或其他非工作时段）。通常用工作日或工作周表示，有时被错误地等同

于"自然流逝时间"。比较"人力投入"。

46. 冲突管理

[英文] Conflict management

[俄文] Урегулирование конфликтов

[注释] 为解决冲突而对冲突情形进行的处理、控制和指导。

47. 初步系统安全性评估

[英文] Preliminary system safety assessment (PSSA)

[俄文] Предварительная оценка безопасности системы

[注释] 初步系统安全性评估是在功能危险性评估和失效影响等级的基础上，对所提出的系统架构及其实施进行系统的评定，以确定系统架构内所有项目的安全要求。

48. 储备

[英文] Reserve

[俄文] Резерв

[注释] 为减轻成本和/或进度风险，在项目管理计划中所设的一种准备。使用时常加修饰词（如管理储备、应急储备），以进一步说明其用于减轻何种风险。

49. 储备分析

[英文] Reserve analysis

[俄文] Анализ резервов

[注释] 一种分析技术，用来明确项目管理计划各组成部分的基本特征及其相互关系，从而为项目的工期、预算、成本估算或资金需求设定储备。

50. 触发条件

[英文] Trigger condition

[俄文] Триггерное условие

[注释] 表明风险即将发生的事件或情形。

51. 创建工作分解结构

[英文] Create WBS

[俄文] Создание иерархической структуры работ (ИСР)

[注释] 将项目可交付成果和项目工作分解为较小的、更易于管理的组件的过程。

52. 次关键活动

[英文] Near-critical activity

[俄文] Околокритическая операция

[注释] 总浮动时间很小的进度活动。"次关键"概念适用于进度活动或进度网络路径。总浮动时间小于多少才算次关键，取决于专家判断，而且因项目而异。

53. 次生风险

[英文] Secondary risk

[俄文] Вторичный риск

[注释] 由于实施风险应对措施而直接产生的风险。

D

54. 大多数原则

[英文] Majority

[俄文] Большинство

[注释] 获得群体中 50%以上的人的支持。

55. 德尔菲技术

[英文] Delphi technique

[俄文] Метод дельфи

[注释] 组织专家就某一专题达成一致意见的一种信息收集技术。相关专家匿名参与。组织者使用调查问卷就一个重要项目事项征询意见，然后对专家的答卷进行归纳，并把结果发还给专家做进一步评论。这个过程重复几轮后，就可能取得一致意见。德尔菲技术有助于减轻数据的偏倚，防止任何个人对结果产生不恰当的影响。

56. 调整提前量与滞后量

[英文] Adjusting leads and lags

[俄文] Адаптация опережений и задержек

[注释] 项目执行过程中使用的，让进度落后的项目活动追赶上计划的一种技术。

57. 迭代型生命周期

[英文] Iterative life cycle

[俄文] Итеративный жизненный цикл

[注释] 项目生命周期的一种。在项目生命周期的早期，基本确定项目范围，但是要随项目团队对产品理解程度的逐步提高，例行修改时间估算和成本估算。迭代方法是通过一系列重复循环来开发产品，而增量方法是渐进地增加产品功能。

58. 定量风险分析和建模技术

[英文] Quantitative risk analysis and modeling techniques

[俄文] Методы количественного анализа и моделирования рисков

[注释] 定量风险分析和建模技术是对通过定性风险分析排出优先顺序的风险进行量化分析的过程，它还包括相关的建模方法。

59. 定义范围

[英文] Define scope

[俄文] Определение сфери

[注释] 制定项目和产品详细描述的过程。

60. 定义活动

[英文] Define activities

[俄文] Определение операций

[注释] 识别和记录为完成项目可交付成果而须采取的具体行动的过程。

61. 独裁

[英文] Dictatorship

[俄文] Диктатура

[注释] 群体决策技术的一种，即一个人为群体作出决策。

62. 独立估算

[英文] Independent estimates

[俄文] Независимая оценка

[注释] 使用第三方来获取和分析信息，以支持对成本、进度或其他事项的预测的过程。

63. 独立评审委员会

[英文] Standing review board (SRB)

[俄文] Независимая наблюдательная комиссия

[注释] 负责针对工程/项目的全寿命周期需求进行独立评审的实体。独立评审委员会授权在特定评审期间，对工程/项目提交的材料进行客观审查，并提供专业咨询。

64. 独立型活动

[英文] Discrete effort

[俄文] Дискретная операция с дискретными трудозатратами

[注释] 可以被规划、度量并会产生具体结果的活动（注：独立型活动是挣值管理中为考核工作绩效而采用的三种活动类型之一）。

65. 度量 (指标)

[英文] Metric

[俄文] Метрика

[注释] 在某一时间段内系统、流程或活动的状态或绩效的测量结果。指标的度量可以传达项目的重要信息并导引适当的行动。

66. 多标准决策分析

[英文] Multi-criteria decision analysis

[俄文] Анализ решений на основе множества критериев

[注释] 借助决策矩阵，用系统分析方法建立诸如风险水平、不确定性和价值收益等多种标准，从而对众多方案进行评估和排序的一种技术。

F

67. 发起人

[英文] Sponsor

[俄文] Спонсор

[注释] 为项目、工程或项目组合提供资源和支持，并负责为成功创造条件的机构或组织。

68. 发起组织

[英文] Sponsoring organization

[俄文] Спонсорская организация

[注释] 负责提供项目发起人并为项目输送资金或其他资源的实体。

69. 法规

[英文] Regulation

[俄文] Нормативный акт

[注释] 政府机构对产品、过程或服务的特征的要求，包括政府强制遵守的相关管理规定。

70. 反馈

[英文] Feedback

[俄文] Обратная связь

[注释] 通过对项目活动的观察获取信息，用以分析工作状态，并在必要时采取纠正措施的过程。

71. 返工

[英文] Rework

[俄文] Переделывать

[注释] 为了使有缺陷或非一致的部件达到要求或符合规范而采取的行动。

72. 范围

[英文] Scope

[俄文] Содержание

[注释] 项目所提供的产品、服务和成果的总和。参见"项目范围"和"产品范围"。

73. 范围变更

[英文] Scope change

[俄文] Изменение содержания

[注释] 项目范围的任何变更。范围变更几乎总会导致项目成本或进度的调整。

74. 范围管理规划

[英文] Scope management plan

[俄文] План управления объёмом

[注释] 项目或工程管理规划的组成部分，描述如何定义、制定、监督、控制和确认项目范围。

75. 范围基准

[英文] Scope baseline

[俄文] Базовый объём

[注释] 经过批准的范围说明书、工作分解结构（WBS）和相应的 WBS 词典。只有通过正式的变更控制程序才能进行变更。用作比较的依据。

76. 方法论

[英文] Methodology

[俄文] Методология

[注释] 由专门的从业人员所采用的做法、技术、程序和规则所组成的体系。

77. 访谈

[英文] Interviews

[俄文] Интервью

[注释] 通过与干系人直接交谈，来获取信息的正式或非正式方法。

78. 非一致性工作

[英文] Nonconformance work

[俄文] Работа над несоответствием требованиям

[注释] 在质量成本的框架中，为处理那些因不能一次就把事情做对而造成的错误和失败的工作。在高效的质量管理体系中，非一致性工作的数量将趋于零。

79. 费用

[英文] Fee

[俄文] Расходы

[注释] 卖方所得报酬的一部分，代表利润。

80. 分析技术

[英文] Analytical techniques

[俄文] Аналитические техники

[注释] 根据可能的项目或环境变量变化及它们与其他变量之间的关系，对潜在后果进行评估、分析和预测的各种技术。

81. 风险

[英文] Risk

[俄文] Риск

[注释] 一旦发生，会对一个或多个项目目标产生积极或消极影响的不确定事件或条件。

82. 风险承受力

[英文] Risk tolerance

[俄文] Допуск риска

[注释] 组织或个人能承受的风险程度、数量或容量。

83. 风险登记册

[英文] Risk register

[俄文] Реестр рисков

[注释] 记录风险分析和应对规划结果的文件。

84. 风险分解结构

[英文] Risk breakdown structure (RBS)

[俄文] Иерархическая структура рисков

[注释] 根据风险类别展现风险的层级。

85. 风险分类

[英文] Risk categorization

[俄文] Классификация рисков

[注释] 按照风险来源（如使用风险分解结构）、受影响的项目区域（如使用工作分解结构），或其他有用的分类标准（如项目阶段），对项目风险进行分类，以明确受不确定性影响最大的项目区域。

86. 风险管理计划

[英文] Risk management plan

[俄文] План управления рисками

[注释] 项目、项目集或项目组合管理计划的组成部分，说明将如何安排与实施风险管理活动。

87. 风险管理专家证书

[英文] Risk management professional (RM-PMI)

[俄文] Профессионал в области управления рисками

[注释] 经 PMI 考核认证的项目风险管理证书。

88. 风险规避

[英文] Risk avoidance

[俄文] Избежание рисков

[注释] 一种风险应对策略，项目团队采取行动来消除威胁，或保护项目免受风险影响。

89. 风险减轻

[英文] Risk mitigation

[俄文] Снижение рисков

[注释] 一种风险应对策略，项目团队采取行动降低风险发生的概率或造成的影响。

90. 风险接受

[英文] Risk acceptance

[俄文] Принятие риска

[注释] 一种风险应对策略，项目团队决定接受风险的存在，而不采取任何措施，除非风险真的发生。

91. 风险紧迫性评估

[英文] Risk urgency assessment

[俄文] Оценка срочности рисков

[注释] 审查和确定那些比其他风险更早发生的风险的行动时间。

92. 风险类别

[英文] Risk category

[俄文] Категория риска

[注释] 对潜在风险成因的归组。

93. 风险临界值

[英文] Risk threshold

[俄文] Порог риска

[注释] 干系人特别关注的特定的不确定性程度或影响程度。低于风险临界值，组织能承受风险；高于风险临界值，组织将不能承受风险。

94. 风险偏好

[英文] Risk appetite

[俄文] Склонность к риску

[注释] 为了预期的回报，一个实体愿意承担不确定性的程度。

95. 风险审计

[英文] Risk audits

[俄文] Аудиты рисков

[注释] 检查并记录风险应对措施在处理已识别风险及其根源方面的有效性，以及风险管理过程的有效性。

96. 风险数据质量评估

[英文] Risk data quality assessment

[俄文] Оценка качества рискованных данных

[注释] 评估风险数据对风险管理的有用程度的一种技术。

97. 风险再评估

[英文] Risk reassessment

[俄文] Переоценка рисков

[注释] 识别新风险，对现有风险进行再评估，以及删去已过时的风险。

98. 风险转移

[英文] Risk transference

[俄文] Передача риска

[注释] 一种风险应对策略，项目团队把威胁造成的影响连同应对责任一起转移给第三方。

99. 符合性

[英文] Compliance

[俄文] Соответствие

[注释] 成功地完成所有强制性的工作，其期望的或规定的结果与实际结果之间具有一致性。

100. 辅助产品

[英文] Enabling products

[俄文] Вспомогательные продукты

[注释] 为目标产品的全寿命周期运行和使用提供保障的产品和服务（如生产、试验、部署、训练、维护和处置）。由于目标产品及其辅助产品是相互独立的，两者的组合被视为一个系统。这样，项目的职责就扩大到了在产品寿命周期的每个阶段从相关的辅助产品中获取服务。当不存在合适的辅助产品时，项目应为所负责的目标产品创建并使用其辅助产品。

101. 负浮动时间或时差

[英文] Negative floator slack

[俄文] Отрицательное колебание релаксация

[注释] 工作网络中一个事件的最早时间晚于最迟时间的情况。当项目预定结束日期太早无法实现，或者一项活动用完了浮时仍然被延期时，就会发生这种情况。

102. 复杂性 (项目)

[英文] Complexity

[俄文] Сложность

[注释] 项目的复杂性由（项目所含的）活动与里程碑的数目以及需要在统一协调下实现共同项目目标的参与项目人数来决定。对于商用飞机研发项目，复杂性还包括其他的一些重要方面：项目规模巨大，系统极其复杂，设计要求极高，客户化程度高，过程数量庞大，推出新产品频率极低，高投入财务管理要求高，项目动态管理要求高，买方垄断市场，行业多元文化以及独特的公共关系要求。

G

103. 改装

[英文] Alteration

[俄文] Изменение

[注释] 在航空器及其部件交付后进行的超出其原设计状态的任何改变，包括任何材料和零部件的替代。

104. 改装设计批准

[英文] Approval of changes in type design

[俄文] Одобрение изменений в дизайн типа

[注释] 民航局对大改的设计批准。

105. 概率和影响矩阵

[英文] Probability and impact matrix

[俄文] Матрица вероятности и воздействия

[注释] 把每个风险发生的概率和一旦发生对项目目标的影响对应起来的一种表格。

106. 概念/思维导图

[英文] Idea/Mind mapping

[俄文] Карта идея/мышления

[注释] 把从头脑风暴中获得的创意整合成一张图的技术，以反映创意之间的共性与差异，激发新创意。

107. 干系人

[英文] Stakeholder

[俄文] Заинтересованная сторона

[注释] 也称"相关利益者""利益相关人"，是指能影响项目决策、活动或结果的个人、群体或组织，以及会受或自认为会受项目决策、活动或结果影响的个人、群体或组织。干系人主要分成两类，参见"客户"和"其他关注团体"（经整合）。

108. 干系人登记册

[英文] Stake holder register

[俄文] Реестр заинтересованных сторон

[注释] 记录项目干系人识别、评估和分类结果的项目文件。

109. 干系人分析

[英文] Stakeholderanalysis

[俄文] Анализ заинтересованных сторон

[注释] 通过系统收集和分析各种定量与定性信息，来确定在整个项目中应该考虑哪些人的利益的一种技术。

110. 干系人管理计划

[英文] Stakeholder management plan

[俄文] План управления заинтересованными сторонами

[注释] 项目管理计划的子计划，基于对干系人需求、利益和潜在影响的分析，定义用于有效调动干系人参与项目决策和执行的过程、程序、工具和技术。

111. 根本原因分析

[英文] Root cause analysis

[俄文] Анализ первопричины

[注释] 确定引起偏差、缺陷或风险的根本原因的一种分析技术。一项根本原因可能引起多项偏差、缺陷或风险。

112. 跟产表单

[英文] Form for production

[俄文] Форма для производства

[注释] 商用飞机试制生产现场问题处理信息载体的统称，主要包括提问单、询问单、材料代用单（简称代料单）、故障拒收报告（简称 FRR）、产品质量超差处理单（简称质量超差单）。

113. 工程

[英文] Program

[俄文] Программа

[注释] 一项由企业主管部门负责的确定了目的、目标、结构、资金和管理结构的战略投资。工程用以支持一组相互关联且需协调管理的项目、子项目及其活动，以便最终获得个别管理时所无法获得的效益（经整合）。

114. 工程代表

[英文] Engineering representative

[俄文] Инженерный представитель

[注释] 工程代表是商用飞机工程设计方选派到机体制造方开展现场工程支持工作的团队，由工程总代表和工程专业代表组成。

115. 工程寿命周期管理

[英文] Program life cycle management (PLM)

[俄文] Управление жизненным циклом программы

[注释] 应用相关知识、技能、工具与技术对工程在其寿命周期期间的发展及其行政和技术需求进行跟踪、监控和支援的行动。

116. 工程支持团队

[英文] Engineering support team

[俄文] Группа по инженерной поддержке

[注释] 在商用飞机制造过程中，工程设计方为参与现场工程支持临时组建的团队，包含工程总代表、工程专业代表、项目管理人员、综合后勤保障人员等。

117. 工程专业代表

[英文] Specialty engineering representative

[俄文] Специализированный инженерный представитель

[注释] 商用飞机工程设计方驻试制现场代表，负责确认并传递现场工程问题，接受工程总代表统一管理。

118. 工程总代表

[英文] General engineering representative

[俄文] Общий инженерный представитель

[注释] 商用飞机试制生产现场工程支持团队的总负责人，代表商用飞机工程设计方组织协调试制生产现场工程支持工作。

119. 工具

[英文] Tool

[俄文] Инструмент

[注释] 在创造产品或成果的活动中所使用的某种有形的东西，如模板或软件。

120. 工料合同

[英文] Time and material contract (T&M)

[俄文] Контракт«время и материалы»

[注释] 兼具成本补偿和总价合同特征的一种混合的合同类型。与成本补偿合同相似，工料合同没有确定的最终价格，因为签订合同时并未确定工作总量。工料合同的合同价可以像成本补偿合同那样增长。另外，工料合同又与总价合同相似。例如，买卖双方一致同意了高级工程师的费率，那么单位费率就事先确定了。

121. 工艺工程

[英文] Process engineering (PE)

[俄文] Технологическое проектирование

[注释] 产品实现过程中，研究和制定相应的加工成型、装配集成的方式和方法，工装夹具设计和选用，装配站位和流程等的学科。

122. 工作分解结构词典

[英文] WBS dictionary (WBS)

[俄文] Словарь иерархической структуры работ

[注释] 针对每个工作分解结构组件，详细描述可交付成果、活动和进度信息的文件。

123. 工作分解结构组件

[英文] Work breakdown structure component

[俄文] Компонент иерархической структуры работ

[注释] 工作分解结构任意层次上的任何要素。

124. 工作绩效数据

[英文] Work performance data

[俄文] Данные об результативности работ

[注释] 在执行项目工作的过程中，从每个正在执行的活动中收集到的原始观察结果和测量值。

125. 工作绩效信息

[英文] Work performance information

[俄文] Информация об результативности работ

[注释] 从各控制过程中收集并结合相关背景和跨领域关系，进行整合分析而得到的绩效数据。

126. 工作授权

[英文] Work authorization

[俄文] Авторизация работ

[注释] 关于开始某项进度活动、工作包或控制账户的工作的许可或指示，一般是书面形式的。它是批准项目工作的一种方法，目的是确保该工作由特定的组织、在正确的时间、以合理的顺序执行。

127. 工作授权系统

[英文] Work authorization system

[俄文] Система авторизации работ

[注释] 整个项目管理系统的一个子系统。它是一系列正式书面程序的集合，规定如何授权（委托）项目工作，以保证该工作由特定的组织、在正确的时间、以合理的顺序执行。工作授权系统包括发布工作授权所需的步骤、文件、跟踪系统及审批级别。

128. 工作说明书

[英文] Statement of work (SOW)

[俄文] Описание работ

[注释] 对项目需交付的产品、服务或成果的叙述性说明。

129. 公差

[英文] Tolerance

[俄文] Допуск

[注释] 对质量要求可接受的变动范围的定量描述。

130. 功能危险性评估

[英文] Functional hazard assessment (FHA)

[俄文] Оценка риска функционального отказа

[注释] 对功能进行系统综合的分析，以确定这些功能的失效状态并按其影响等级分类。

131. 攻关项目

[英文] Research project

[俄文] Исследовательский проект

[注释] 在商用飞机型号研制过程中需要组织专业技术人员（必要时可包括相关管理人员）进行攻关的项目。

132. 攻关项目管理

[英文] Research project management

[俄文] Управление исследовательскимпроектом

[注释] 商用飞机型号研制过程中攻关项目的立项、实施、验收、考核等相关工作和要求。

133. 供方选择标准

[英文] Source selection criteria

[俄文] Критерии выбора поставщика

[注释] 买方提出的一套标准，卖方只有满足或超过这些标准，才有可能被授予合同。

134. 共因分析

[英文] Common cause analysis (CCA)

[俄文] Анализ общих причин

[注释] 区域安全性分析、特定风险分析和共模分析的统称。

135. 沟通方法

[英文] Communication methods

[俄文] Методы коммуникаций

[注释] 在项目干系人之间传递信息的系统化的程序、技术或过程。

136. 沟通技术

[英文] Communication technology

[俄文] Технологии коммуникаций

[注释] 用于项目干系人之间传递信息的特定工具、系统或计算机程序等。

137. 沟通模型

[英文] Communication models

[俄文] Модели коммуникаций

[注释] 说明在项目中将如何开展沟通过程的描述、比喻或图形。

138. 沟通需求分析

[英文] Communication requirements analysis

[俄文] Анализ требований к коммуникациям

[注释] 一种分析技术，通过访谈、研讨会或借鉴以往项目经验教训等方式，来确定项目干系人对信息的需求。

139. 沟通制约因素

[英文] Communication constraints

[俄文] Коммуникационные ограничения

[注释] 对沟通内容、时间、听众或发起者的限制，通常来自特定的法律法规、技术条件或组织政策。

140. 估算

[英文] Estimate
[俄文] Оценка

[注释] 对可能的数量或结果的定量估计。通常用于项目成本、资源、人力投入与持续时间的估计。使用时常带修饰词（如初步估算、概念估算、可行性估算、量级估算和确定性估算），且任何时候都应以某种方式说明其准确度（如±x%）。参见"预算"和"成本"。

141. 估算成本

[英文] Estimate costs
[俄文] Оценка стоимости

[注释] 对完成项目活动所需资金进行近似估算的过程。

142. 估算活动持续时间

[英文] Estimate activity durations
[俄文] Оценка длительности деятельности

[注释] 根据资源估算的结果，估算完成单项活动所需工作时段数的过程。

143. 估算活动资源

[英文] Estimate activity resources
[俄文] Оценка ресурсов деятельности

[注释] 估算执行各项活动所需的材料、人员、设备或用品的种类和数量的过程。

144. 估算依据

[英文] Basis of estimates
[俄文] Основание оценки

[注释] 概述项目估算所用依据的支持性文件，如假设条件、制约因素、详细级别、估算区间和置信水平。

145. 固定公式法

[英文] Fixed formula method
[俄文] Метод фиксированной формулы

[注释] 计算增值的一种方法，在工作包开始时计算一个特定百分比的预算值，在工作包全部完成时再计算剩余百分比的预算值。

146. 固定总价合同

[英文] Firm-fixed-price contract (FFP)

[俄文] Контракт с твердой фиксированной ценой

[注释] 总价合同的一种类型。不考虑卖方成本，由买方向卖方支付事先确定的金额（由合同规定）。

147. 关键性能指数（项目）

[英文] Key performance index (KPI)

[俄文] Ключевой показатель эффективности

[注释] 一组用于反映项目、团队进展表现，任务完成状态的量化指标，是项目绩效考核的基础。

148. 关联图

[英文] Interrelationship digraphs

[俄文] График взаимоотношений

[注释] 一种质量管理规划工具，有助于在包含相互交叉逻辑关系的中等复杂情形中创新性地解决问题。

149. 观察

[英文] Observation

[俄文] Наблюдение

[注释] 直接观看个人在各自的环境中如何执行工作（或任务）和实施流程的一种技术。

150. 管理储备

[英文] Management reserve

[俄文] Управленческий резерв

[注释] 项目中留作管理控制之用的一部分预算。专为项目范围内不可预见的工作而预留。管理储备不包含在绩效测量基准（PMB）中。

151. 管理干系人参与

[英文] Manage stakeholder engagement

[俄文] Управление участием заинтересованных сторон

[注释] 在整个项目生命周期中，与干系人进行沟通和协作，以满足其需要与期望，解决实际出现的问题，并促进干系人合理参与项目活动的过程。

152. 管理沟通

[英文] Manage communication

[俄文] Управление коммуникациями

[注释] 根据沟通管理计划，生成、收集、分发、储存、检索以及最终处置项目信息的过程。

153. 管理技能

[英文] Management skills

[俄文] Навыки управления

[注释] 对个人或群体进行规划、组织、指导和控制，以实现特定目标的能力。

154. 管理项目团队

[英文] Manage project team

[俄文] Управление командой проекта

[注释] 跟踪团队成员工作表现，提供反馈，解决问题并管理团队变更，以优化项目绩效的过程。

155. 广告

[英文] Advertising

[俄文] Реклама

[注释] 吸引公众对项目或工作的关注的过程。

156. 规格界限

[英文] Specification limits

[俄文] Границы , заданные спецификацией

[注释] 控制图中心线或均值两侧的数据区域，该区域内的数据都满足客户对产品或服务的要求。该区域可能大于或小于控制界限所界定的范围。参见"控制界限"。

157. 规划采购管理

[英文] Plan procurement management

[俄文] Планирование управления закупками

[注释] 记录项目采购决策，明确采购方法，识别潜在卖方的过程。

158. 规划范围管理

[英文] Plan scope management

[俄文] Планирование управления содержанием

[注释] 创建范围管理计划，书面描述将如何定义、确认和控制项目范围的过程。

159. 规划风险管理

[英文] Plan risk management

[俄文] Планирование управления рисками

[注释] 定义如何实施项目风险管理活动的过程。

160. 规划风险应对

[英文] Plan risk responses

[俄文] Планирование реагирования на риски

[注释] 针对项目目标，制定提高机会、降低威胁的方案和措施的过程。

161. 规划干系人管理

[英文] Plan stakeholder management

[俄文] Планирование управления заинтересованными сторонами

[注释] 根据对干系人需要、利益及对项目成功的潜在影响的分析，制定合适的管理策略，以有效调动干系人参与整个项目生命周期的过程。

162. 规划过程组

[英文] Planning process group

[俄文] Группа процессов планирования

[注释] 明确项目范围，优化目标，为实现目标制订行动方案的一组过程。

163. 规划人力资源管理

[英文] Plan human resource management

[俄文] Планирование управления человеческими ресурсами

[注释] 识别和记录项目角色、职责、所需技能、报告关系，并编制人员配备管理计划的过程。

164. 规划质量管理

[英文] Plan quality management

[俄文] Планирование управления качеством

[注释] 识别项目及其可交付成果的质量要求和/或标准，并书面描述项目将如何证明符合质量要求的过程。

165. 国籍标志

[英文] Nationality mark

[俄文] Знак национальности

[注释] 用以标识航空器国籍的一个或几个国际字母。

166. 国籍登记证书

[英文] Nationality registration certificate

[俄文] Свидетельство о регистрации национальности

[注释] 由国家民用航空主管部门为依法进行国籍登记的民用航空器颁发的国籍证明文件，该证书一经颁发长期有效，且必须放置在航空器上，以备核查。

167. 国际民用航空公约

[英文] The international civil aviation covenant

[俄文] Международная конвенция о гражданской авиации

[注释] 国际民用航空公约习称"芝加哥公约"。有关国际民用航空在政治、经济、技术等方面问题的国际公约。国际民用航空公约是 1994 年 12 月 7 日在芝加哥召开的国际民用航空会议上签订的有关民航的公约。

168. 国内维修单位

[英文] Domestic maintenance organization

[俄文] Отечественная организация технического обслуживания

[注释] 管理和维修设施在除香港特别行政区、澳门特别行政区或者台湾地区以外的中国境内的维修单位。

169. 国外维修单位

[英文] Foreign maintenance organization

[俄文] Иностранная организация по техническому обслуживанию

[注释] 管理和维修设施在外国的维修单位。

170. 国外维修培训机构

[英文] Foreign maintenance personnel training organization

[俄文] Иностранная организация по подготовке персонала по техническому обслуживанию

[注释] 培训设施在国外的民用航空器维修培训机构。

171. 过程

[英文] Process

[俄文] Процесс

[注释] 旨在创造最终结果的系统化的系列活动，以便对一个或多个输入进行加工，生成一个或多个输出。

172. 过程分析

[英文] Process analysis

[俄文] Анализ процессов

[注释] 按照过程改进计划中概括的步骤来识别所需的改进。

173. 过程改进计划

[英文] Process improvement plan

[俄文] План совершенствования процессов

[注释] 项目管理计划的子计划。详细说明进行过程分析的步骤，以识别增值活动。

174. 过程决策程序图

[英文] Process decision program charts (PDPC)

[俄文] Диаграммы программы решения процессов

[注释] 用于理解一个目标与达成此目标的步骤之间的关系。

H

175. 航空承运人

[英文] Air carrier

[俄文] Воздушный перевозчик

[注释] 通过租赁或其他协议直接从事航空运输的个人（法人）。

176. 航空器评审组

[英文] Aircraft evaluation group (AEG)

[俄文] Группа оценки воздушных судов

[注释] 航空器评审组为由飞行标准司为具体型号合格审定项目组建的评审机构，主要实施以下与合格审定相关的功能：① 参与符合性试验和型号核准书试验，评定航空器及其系统操作的适当性；② 评审持续适航文件，根据飞行标准的政策，制订维修审查委员会报告；③ 审查航空器飞行手册及其修订版；④ 审查和颁发主最低设备清单；⑤ 制订型号等级要求；⑥ 参与机组定员编制确认；⑦ 参与应急撤离演示验证；⑧ 确认飞行机组睡眠隔间和驾驶舱观察员座椅的可接受性；⑨ 制订任何独特的或特殊的培训要求；⑩ 参与功能与可靠性试验；⑪ 管理飞行标准委员会，飞行运行评审委员会，和维修审查委员会；以及⑫ 作为型号合格审定委员会、飞行标准委员会和飞行运行评审委员会的，参与各组相关活动。

177. 航空器型号合格审定体系

[英文] Aircraft type certification system

[俄文] Система сертификации типа воздушного судна

[注释] 局方针对航空器的型号合格审定而建立的工作体系。该体系包括授权的责任审定单位、责任审查部门、型号合格审定委员会、型号合格审定审查组、项目工程师、委任代表。

178. 航空事故

[英文] Aircraft accident

[俄文] Авиационное происшествие

[注释] 与飞机运行有关的事件，该事件发生在任何人为执行飞机任务而登机，至所有人员已离机这段时间。在此期间有人死亡或重伤，或飞机受到实质性损坏。

179. 航空运输

[英文] Air transportation

[俄文] Авиационный транспорт

[注释] 省际、海外或涉外航空运输，或用航空器进行的邮件运输。

180. 航线维修

[英文] Line maintenance

[俄文] Техническое обслуживание полинии

[注释] 按照航空营运人提供的工作单对航空器进行的例行检查和按照相应飞机、发动机维护手册等在航线进行的故障和缺陷的处理，包括换件和按照航空营运人机型最低设备清单、外形缺损清单保留故障和缺陷。

181. 合格审定

[英文] Certification

[俄文] Сертификация

[注释] 合格审定是合法地鉴定产品、服务、机构或人员对适用要求的符合性。其中包含技术性地检查产品、服务、机构或人员的工作，以及采用颁发合格证书、许可证、批准或其他被国家法律和程序所要求的文件证明的形式，正式认可对适用要求的符合性。

182. 合同

[英文] Contract

[俄文] Договор

[注释] 对双方都有约束力的协议，它强制卖方提供规定的产品、服务或成果，强制买方支付相应的报酬。

183. 合同变更控制系统

[英文] Contract change control system

[俄文] Система контроля изменений в договорах

[注释] 用来收集、跟踪、裁定和沟通有关合同变更的系统。

184. 核查表

[英文] Check sheets

[俄文] Листы сбора данных

[注释] 在收集数据时用作查对清单的计数表格。

185. 核对单分析

[英文] Check list analysis

[俄文] Анализ с помощью контрольного списка

[注释] 借助清单来系统审查材料的准确性和完整性的一种技术。

186. 核实的可交付成果

[英文] Verified deliverables

[俄文] Верифицированные результаты

[注释] 经过控制质量过程的检查，被证实为正确的已完成的可交付成果。

187. 横道图

[英文] Bar chart

[俄文] Гистограмма

[注释] 展示进度相关信息的一种图表方式。在典型的横道图中，进度活动或工作分解结构组件竖列于图的左侧，日期横排在图的顶端，而活动持续时间则以按日期定位的水平条形表示。参见"甘特图"。

188. 候选审定维修要求

[英文] Candidate certification maintenance requirement (CCMR)

[俄文] Требование к техническому обслуживанию сертификации кандидатов

[注释] 一种可能用于安全性分析中以帮助表明对适航规章 25.1309（b）中灾难性或危险性故障状态符合性的、定期的、维修或飞行机组的检查。当这种检查不能被视作基本维护和飞行操作时，它们就成为了候选审定维修要求，AC/AMC 25.19 定义了从候选审定维修要求中确定审定维修要求（CMRs）的方法。

189. 环境管理

[英文] Environmental management

[俄文] Управление охраной окружающей среды

[注释] 保证工程和项目的行动和决策对环境可能的影响在论证规划阶段被评估，以及在系统实现流程中反复评价的活动。

190. 环境影响

[英文] Environmental impact

[俄文] Влияние на окружающую среду

[注释] 一个行动对环境造成的直接的、间接的或累积的有益或有害影响。

191. 缓冲

[英文] Buffer

[俄文] Буфер

[注释] 见"储备"。

192. 回归分析

[英文] Regression analysis

[俄文] Регрессионный анализ

[注释] 通过考察一系列输入变量及其对应的输出结果，来建立数学或统计关系的一种分析技术。

193. 汇总活动

[英文] Hammock activity

[俄文] Агрегированная деятельность

[注释] 见"概括性活动"。

194. 豁免

[英文] Exemption

[俄文] Освобождение

[注释] 申请人不能完全依据适用条款的文字要求表明符合性，而能以其同等安全水平的其他措施表明符合性时，向局方提出的符合性偏离申请。

195. 豁免文件

[英文] Waiver

[俄文] Свидетельство об освобождении от требования

一种旨在放松或豁免工程或项目本应满足的某项特定需求的文件协议。

196. 活动

[英文] Activity

[俄文] Деятельность

[注释] 在进度计划中所列，并在项目过程中实施的工作组成部分。

197. 活动编码

[英文] Activity code

[俄文] Код деятельности

[注释] 由一位或多位数字或字符组成，用来识别工作的特征，或者用某种方式对进度活动进行分类，以便在报告中对活动进行筛选和排序。

198. 活动标识

[英文] Activity identifier

[俄文] Идентификатор деятельности

[注释] 为了使项目活动彼此区别，而分配给每项进度活动的简短且唯一的

数字或字符标识。在任何一个项目进度网络图中，活动标识通常是唯一的。

199. 活动成本估算

[英文] Activity cost estimates

[俄文] Оценка стоимости деятельности

[注释] 进度活动的预计成本，包括执行和完成该活动所需的全部资源的成本，包括全部的成本类型和成本元素。

200. 活动持续时间

[英文] Activity duration

[俄文] Продолжительность деятельности

[注释] 用日历单位表示的，进度活动从开始到完成的时间长度。

201. 活动持续时间估算

[英文] Activity duration estimate

[俄文] Оценка длительности деятельности

[注释] 对活动持续时间的可能量或结果的定量评估。

202. 活动节点法

[英文] Activity-on-node (AON)

[俄文] Операции в узлах

[注释] 项目网络图的一种编制方法，用节点表示工序而箭线表示连接。

203. 活动描述

[英文] Activity description

[俄文] Дескрипция деятельности

[注释] 对要得到希望的结果而必须要做的事情的描述。

204. 活动网络图

[英文] Activity network diagrams

[俄文] Сетевой график работ

[注释] 见"项目进度网络图"。

205. 活动资源需求

[英文] Activity resource requirements

[俄文] Требования к ресурсам деятельности

[注释] 工作包中的每个活动所需的资源类型和数量。

J

206. 机会

[英文] Opportunity

[俄文] Возможность

[注释] 对项目的一个或多个目标产生正面影响的风险。

207. 机体制造方

[英文] Airframe manufacturer

[俄文] Самолётостроительная фирма

[注释] 商用飞机总装制造方和参与机体制造的供应商。

208. 基本规则

[英文] Ground rules

[俄文] Основные правила

[注释] 对项目团队成员的可接受行为的预期。

209. 基线 (控制)

[英文] Baseline

[俄文] База

[注释] 也称"基准",是一个各方同意的需求、设计或文档集合,通过正式的审批和控制流程保证系统变更受控。

210. 绩效报告

[英文] Performance reports

[俄文] Отчеты об исполнении

[注释] 见"工作绩效报告"。

211. 绩效测量基准

[英文] Performance measurement baseline (PMB)

[俄文] Базовая линия измерения эффективности

[注释] 经批准的项目范围-进度-成本综合计划,用来与项目执行情况相比较,以测量和管理绩效。其中包括应急储备,但不包括管理储备。

212. 激励费用

[英文] Incentive fee

[俄文] Поощрительное вознаграждение

[注释] 与卖方的成本、进度或技术绩效相关联的财务激励。

213. 即刻日期

[英文] Time now

[俄文] В настоящий время

[注释] 在进行工作网络分析、报告或更新时设定的当前日程表日期。

214. 集成

[英文] Integration (ITN)

[俄文] Интеграция

[注释] ① 使产品的各个部分能够协同运作的行为；② 将若干分离的功能集中到单个实现过程之中的行为。

215. 集中办公

[英文] Collocation

[俄文] Совместное расположение

[注释] 为改善沟通和工作关系，提高工作效率，而让项目团队成员的工作地点彼此靠近的一种组织布局策略。

216. 集中趋势

[英文] Central tendency

[俄文] Центральная тенденция

[注释] 中心极限定理的特征，意指统计分布中的数据会趋向于围绕在一个中心位置附近。集中趋势的三个典型测量值是平均数、中位数和众数。

217. 计划价值

[英文] Planned value (PV)

[俄文] Плановый объем (ПО)

[注释] 为计划工作分配的经批准的预算。

218. 计划评审技术

[英文] Program evaluation and review technique (PERT)

[俄文] Метод оценки и пересмотра планов

[注释] 当活动的估算无法确定时，使用其乐观估算、悲观估算和最可能估算的加权平均值作为估算结果的一种技术。

219. 记分板

[英文] Scoreboard

[俄文] Табло

[注释] 一种记录项目关键性能指数，向整个团队实时沟通项目整体进展的工具。

220. 记分卡

[英文] Scorecard

[俄文] Оценочная карточка

[注释] 一种对项目关键性能指数进行打分、统计的工具，用以制作项目记分板。

221. 记录管理系统

[英文] Records management system

[俄文] Система управления записями

[注释] 一套具体的流程、相关控制功能和工具，联合用于记录和保存项目信息。

222. 技术

[英文] Technique

[俄文] Текника

[注释] 人们在执行活动以生产产品、取得成果或提供服务的过程中所使用的经过定义的系统化程序，其中可能用到一种或多种工具。

223. 技术标准规定

[英文] Technical standard order (TSO)

[俄文] Инструкция по применению технических стандартов

[注释] 局方对用于民用航空器、航空发动机和螺旋桨上使用或安装的重要通用材料、零部件和机载设备所制定的最低性能要求。

224. 加权里程碑法

[英文] Weighted milestone method

[俄文] Метод взвешенного веха

[注释] 计算净值的一种方法，把工作包划分为多个可度量的部分，每个部分都以明确的里程碑结束，然后为每个里程碑的实现分配一个权重。

225. 价值工程

[英文] Value engineering (VE)

[俄文] Функционально-стоимостной анализ (ФСА)

[注释] 用来优化项目寿命周期成本，节省时间，增加利润，改进质量，扩大市场份额，解决问题和/或提高资源使用效果的一种方法。

226. 假设分析

[英文] Assumptions analysis

[俄文] Допущенный анализ

[注释] 探讨假设的准确性，并识别因其中的不准确、不一致或不完整而导致的项目风险的一种技术。

227. 假设情景分析

[英文] What-if scenario analysis

[俄文] Анализ сценариев «что если»

[注释] 对各种情景进行评估，预测它们对项目目标的影响的过程。

228. 监督

[英文] Monitor

[俄文] Мониторинг

[注释] 对照计划收集项目绩效数据，计算绩效指标，并报告和发布绩效信息。

229. 监控过程组

[英文] Monitoring and controlling process group

[俄文] Группа мониторинга и контроля процессов

[注释] 跟踪、审查和调整项目进展与绩效，识别必要的计划变更并启动相应变更的一组过程。

230. 监控项目工作

[英文] Monitor and control project work

[俄文] Мониторинг и управление работами проекта

[注释] 跟踪、审查和报告项目进展，以实现项目管理计划中确定的绩效目标的过程。

231. 检查

[英文] Inspection

[俄文] Инспекция

[注释] 通过检验或测量，核实某个活动、部件、产品、成果或服务是否符合特定的要求。

232. 检查与审计

[英文] Inspections and audits

[俄文] Инспекции и аудиты

[注释] 按照商定的要求，考察合同工作或产品的绩效情况的过程。

233. 建设项目团队

[英文] Develop project team

[俄文] Разработка группы проекта

[注释] 提高工作能力，促进团队成员互动，改善团队整体氛围，以提高项目绩效的过程。

234. 建议书评价技术

[英文] Proposal evaluation techniques

[俄文] Методы оценки предложения

[注释] 对供应商提交的建议书进行评审，从而对合同授予决策提供支持的过程。

235. 建议邀请书

[英文] Request for proposal (RFP)

[俄文] Запрос предложения

[注释] 采购文件的一种，用来向潜在卖方征求对产品或服务的建议书。在某些应用领域，其含义可能更狭窄或更具体。

236. 渐进明细

[英文] Progressive elaboration

[俄文] Последовательная разработка

[注释] 随着信息越来越多、估算越来越准确，而不断提高项目管理计划的详细程度的迭代过程。

237. 箭线图法

[英文] Activity-on-arrow (AOA)

[俄文] Операции в стрелах

238. 焦点小组

[英文] Focus groups

[俄文] Фокус-группы

[注释] 召集预定的干系人和主题专家，了解他们对所讨论的产品、服务或成果的期望和态度的一种启发式技术。

239. 角色

[英文] Role

[俄文] Роль

[注释] 项目团队成员必须履行的、已明确定义的职责，如测试、归档、检查、编码等。

240. 阶段

[英文] Phase

[俄文] Фаза

[注释] 见"项目阶段"。

241. 阶段关口

[英文] Phase gate

[俄文] Шлюз фазы

[注释] 为做出进入下个阶段、进行整改或结束项目或项目集的决定而开展的阶段末审查。

242. 节点

[英文] Node

[俄文] Узел

[注释] 进度网络的要素之一，是一条依赖关系线与某些或所有其他依赖关系线的交点。

243. 结束采购

[英文] Close procurements

[俄文] Закрытие закупок

[注释] 完结单次项目采购的过程。

244. 结束的采购

[英文] Closed procurements

[俄文] Закрытые закупки

[注释] 由授权代表正式声明终结并签署终结证书的合同或其他采购协议。

245. 结束项目或阶段

[英文] Close project or phase

[俄文] Закрытие проекта или фазы

[注释] 完结所有项目管理过程组的所有活动，以正式结束项目或阶段的过程。

246. 仅依据型号合格证的生产

[英文] Type certificate only

[俄文] Только сертификат типа

[注释] 当某种产品已获得型号合格证件，但尚未获得生产许可证（PC）时，型号合格证件（或其转让协议书）持有人进行该产品的生产活动。

247. 紧急情况

[英文] Contingency

[俄文] Непредвиденные обстоятельства

[注释] 可能对项目执行产生影响的一个事件或情形，可用储备去应对。

248. 紧急适航指令

[英文] Emergency airworthiness directive

[俄文] Экстренная директива летной годности

[注释] 具有紧急性质，作为立即生效的法规而颁发的适航指令。

249. 进度绩效指数

[英文] Schedule performance index (SPI)

[俄文] Индекс выполнения сроков

[注释] 测量进度效率的一种指标，表示为挣值与计划价值之比。

250. 进度计划

[英文] Schedule

[俄文] Расписание

[注释] 见"项目进度计划"，参见"进度模型"。

251. 进度计划编制工具

[英文] Scheduling tool

[俄文] Инструмент составления расписания

[注释] 配合进度计划编制方法使用的工具，可提供进度计划组成部分的名称、定义、结构关系和格式。

252. 进度偏差

[英文] Schedule variance (SV)

[俄文] Отклонение по срокам

[注释] 测量进度绩效的一种指标，表示为挣值与计划价值之差。

253. 进度数据

[英文] Schedule data

[俄文] Данные расписания

[注释] 用以描述和控制进度计划的信息集合。

254. 进度网络模板

[英文] Schedule network templates

[俄文] Шаблоны сети расписания

[注释] 已有的一组活动及其相互关系，供需要应用这些关系的特定应用领域或项目局部重复使用。

255. 经验教训

[英文] Lessons learned

[俄文] Извлеченные уроки

[注释] 项目过程中获得的知识，说明曾怎样处理某个项目事件或今后应如何处理，以改进未来绩效。

256. 经验教训知识库

[英文] Lessons learned knowledge base

[俄文] База знаний извлеченных уроков

[注释] 对以往项目选择决策与项目执行情况的历史信息和经验教训的存储。

257. 精确

[英文] Precision

[俄文] Точность

[注释] 在质量管理体系中，精确是对精确度的测量。

258. 纠正措施

[英文] Corrective action (CA)

[俄文] Корректирующее мероприятие

[注释] 为使项目工作绩效重新与项目管理计划一致，而进行的有目的的活动。

259. 局方 (中国)

[英文] Civil aviation administration of China (CAAC)

[俄文] Администрация гражданской авиации Китая

[注释] 指各国的局方，例如对于中国的情况，指中国民用航空局、民航地区管理局。

260. 矩阵图

[英文] Matrix diagrams

[俄文] Матричные диаграммы

[注释] 一种质量管理和控制工具，使用矩阵结构对数据进行分析。在行列交叉的位置展示因素、原因和目标之间的关系强弱。一种质量管理和控制工具，使用矩阵结构对数据进行分析。在行列交叉的位置展示因素、原因和目标之间的关系强弱。

261. 矩阵型组织

[英文] Matrix organization

[俄文] Матричная организация

[注释] 项目经理和职能经理共同负责安排工作优先级，并指导项目成员工作的组织结构形式。

262. 决策树分析

[英文] Decision tree analysis

[俄文] Анализ дерева решений

[注释] 一种图形和计算技术，用来评估与一个决策相关的多个可选方案在不确定情形下的可能后果。

K

263. 开始日期

[英文] Start date

[俄文] Дата начала

[注释] 与进度活动的开始相关联的时间点。通常带下列修饰词：实际、计划、估计、预计、最早、最晚、目标、基准或当前。

264. 可交付成果

[英文] Deliverable

[俄文] Поставляемый результат

[注释] 在某一过程、阶段或项目完成时，必须产出的任何独特并可核实的产品、成果或服务能力。

265. 客户

[英文] Customer

[俄文] Заказчик

[注释] 为项目产品、服务或成果付钱的个人或组织，可位于执行组织的内部或外部。

266. 客户满意

[英文] Customer satisfaction

[俄文] Удовлетворенность заказчика

[注释] 在质量管理体系中，因自己的预期需求得到满足或超越，客户在评估中所表现出的一种满意状态。

267. 客户声音

[英文] Voice of the customer

[俄文] Мнение заказчика

[注释] 一种规划技术，通过在项目产品开发的每个阶段把客户需求转变成适当的技术要求，来提供真正反映客户需求的产品、服务和成果。

268. 控制

[英文] Control

[俄文] Контроль

[注释] 对比实际绩效与计划绩效，分析偏差，评估趋势以改进过程，评价可能的备选方案，并提出必要的纠正措施建议。

269. 控制采购

[英文] Control procurements

[俄文] Контрольные закупки

[注释] 管理采购关系，监督合同绩效，并根据需要实施变更和采取纠正措施的过程。

270. 控制成本

[英文] Control costs

[俄文] Контрольные стоимости

[注释] 监督项目状态，以更新项目成本，管理成本基准变更的过程。

271. 控制范围

[英文] Control scope

[俄文] Область управления

[注释] 监督项目和产品的范围状态，管理范围基准变更的过程。

272. 控制风险

[英文] Control risks

[俄文] Контрольные риски

[注释] 在整个项目中实施风险应对计划，跟踪已识别风险，监督残余风险，识别新风险，以及评估风险过程有效性的过程。

273. 控制干系人参与

[英文] Control stakeholder engagement

[俄文] Контроль вовлечения заинтересованных сторон

[注释] 全面监督项目干系人之间的关系，调整策略和计划，以调动干系人参与的过程。

274. 控制沟通

[英文] Control communications

[俄文] Контроль на коммуникации

[注释] 在整个项目生命周期中对沟通进行监督和控制的过程，以确保满足项目干系人对信息的需求。

275. 控制界限

[英文] Control limits

[俄文] Контрольные границы

[注释] 在控制图中，中心线或均值两侧三个标准差（基于数据的正态分布）以内的区域，它反映了数据的预期变动范围。参见"规格界限"。

276. 控制进度

[英文] Control schedule

[俄文] Контрольное расписание

[注释] 监督项目活动状态，更新项目进展，管理进度基准变更，以实现计划的过程。

277. 控制图

[英文] Control chart

[俄文] Контрольная карта

[注释] 按时间顺序展示过程数据，并将这些数据与既定的控制界限相比较的一种图形。控制图有一条中心线，有助于观察图中的数据点向两边控制界限偏移的趋势。

278. 控制账户

[英文] Control account (CA)

[俄文] Контрольный счет

[注释] 一种管理控制点。在该控制点上，把范围、预算、实际成本和进度加以整合，并与挣值比较，以测量绩效。

279. 控制质量

[英文] Control quality

[俄文] Контрольное качество

[注释] 监督并记录质量活动执行结果，以便评估绩效，并推荐必要的变更的过程。

L

280. 类

[英文] Category

[俄文] Категория

[注释]（1）用于航空人员的颁证、定级、权限和限制时，指航空器的宽泛分类，举例包括：飞机、旋翼航空器、滑翔机、和轻于空气的航空器；（2）用于航空器的合格审定时，指依据航空器的预期用途或使用限制所进行的分类，举例包括：运输类、正常类、实用类、特技类、限制类、限用类和临时类。

281. 类比估算

[英文] Analogous estimating

[俄文] Аналогичные оценки

[注释] 使用相似活动或项目的历史数据，来估算当前活动或项目的持续时间或成本的技术。

282. 里程碑

[英文] Milestone

[俄文] Веха

[注释] 特别重要的事件，通常代表一个项目主要阶段的结束。在里程碑点上经常要进行项目评估。

283. 里程碑进度计划

[英文] Milestone schedule

[俄文] График веха

[注释] 标明主要进度里程碑的概括性进度计划。参见"主进度计划"。

284. 历史信息

[英文] Historical information

[俄文] Историческая информация

[注释] 以往项目的文件和数据，包括项目档案、记录、函件、完结的合同和结束的项目。

285. 利用提前量与滞后量

[英文] Applying leads and lags

[俄文] Применение опережений и задержек

[注释] 用来调整紧前和紧后活动之间的时间量的一种技术。

286. 联邦航空条例

[英文] Federal aviation regulations (FAR)

[俄文] Федеральные авиационные правила (ФАП)

[注释] 由美国联邦航空局颁布的法规，用于管理在美国境内运行的所有航空活动。

287. 两总系统

[英文] Dual-chief system

[俄文] Система двойного руководства

[注释] 中国航空航天界和军工界通行的型号管理模式系统，包括行政指挥系统和总设计师系统。

288. 临界值

[英文] Threshold

[俄文] Порог

[注释] 对成本、时间、质量、技术或资源价值等的限定参数，可以列入产品规范中。一旦越过临界值，就应采取某种行动，如提交异常情况报告。

289. 临时更改单记录

[英文] Record of temporary revisions

[俄文] Запись временных изменений

[注释] 临时更改单记录由用户填写，用于记录与手册临时更改有关的信息，例如：临时更改单号、页码、出版日期、签名、撤销日期和签名。临时更改单记录供用户按顺序记录和查阅临时更改单。

290. 零部件

[英文] Parts

[俄文] Детали

[注释] 任何用于民用航空产品或者拟在民用航空产品上使用和安装的材料、仪表、机械、设备、零件、部件、组件、附件、通信器材等。

291. 零部件制造人批准书

[英文] Parts manufacture approval (PMA)

[俄文] Одобрение на производство деталей

[注释] 除下列之外的生产已经获得型号合格证、型号设计批准书的民用航空产品上的加改装或者更换用的零部件的一种批准书。① 根据型号合格证、型号设计批准书或者生产许可证生产的零部件；② 根据局方颁发的技术标准规定项目批准书生产的项目；③ 符合局方认为适用的行业技术标准或者国家技术标准的标准件，如螺栓、螺母等；④ 航空器所有人或者占有人按照局方批准的其他方式为维修或者改装自己的航空器而生产的零部件。

292. 流程图

[英文] Flowchart

[俄文] Блок-схема

[注释] 对某系统内的一个或多个过程的输入、过程行为和输出的图形描述。

293. 龙卷风图

[英文] Tornado diagram

[俄文] Диаграмма«торнадо»

[注释] 在敏感性分析中用来比较不同变量的相对重要性的一种特殊形式的条形图。

M

294. 买方

[英文] Buyer

[俄文] Заказчик

[注释] 为组织购买产品、服务或成果的采购方。

295. 卖方

[英文] Seller

[俄文] Продавец

[注释] 向某个组织提供产品、服务或成果的供应商。

296. 卖方建议书

[英文] Seller proposals

[俄文] Предложения продавцов

[注释] 卖方对建议邀请书或其他采购文件的正式应答，规定了价格、商务销售条款，以及技术规范或卖方将为买方建成的能力，一旦被接受，将形成有约束力的协议。

297. 蒙特卡洛模拟

[英文] Monte carlo simulation

[俄文] Имитация методом Монте-карло

[注释] 基于单项任务的成本和进度的概率分布，模拟出成百上千种可能结果的过程，然后应用这些结果生成项目整体层面的概率分布。

298. 民用航空产品

[英文] Civil aviation product

[俄文] Изделие гражданской авиации

[注释] 民用航空器、航空发动机和螺旋桨。

299. 民用航空器

[英文] Civil aircraft

[俄文] Гражданское воздушное судно

[注释] 非政府航空器。

300. 民用航空器适航管理

[英文] Airworthiness management of civil aircraft

[俄文] Управление летной годностью воздушных судов гражданской авиации

[注释] 以保障民用航空器的安全性为目标的技术管理，是政府适航管理部门在制定了各种最低安全标准的基础上，对民用航空器的设计、制造、使用和维修等环节进行科学统一的审查、鉴定、监督和管理。适航管理分为初始适航管理和持续适航管理。

301. 敏感性分析

[英文] Sensitivity analysis

[俄文] Анализ чувствительности

[注释] 用以帮助确定哪些风险对项目具有最大潜在影响的一种定量风险分析和建模技术。它考察当其他不确定因素都保持基准值不变时，单个不确定项目因素的变动对特定目标所产生的影响程度。分析结果常用龙卷风图表示。

302. 名义小组技术

[英文] Nominal ground technique

[俄文] Метод номинальных групп

[注释] 用于促进头脑风暴的一种技术，通过投票排列最有用的创意，以便进一步开展头脑风暴或优先排序。

303. 模板

[英文] Templates

[俄文] Шаблоны

[注释] 一种固定格式的、已部分完成的文件，为收集、组织和呈现信息与数据提供明确的结构。

304. 模拟

[英文] Simulation

[俄文] Симуляция

[注释] 利用项目模型，演算细节层次上的不确定性对项目整体目标的潜在影响。项目模拟借助计算机模型和风险估算（通常表现为细节工作的可能成本或持续时间的概率分布），通常用蒙特卡洛分析法进行。

305. 目标

[英文] Objective

[俄文] Цель

[注释] 工作所指向的事物，要达到的战略地位，要达到的目的，要取得的成果，要生产的产品，或者准备提供的服务。

306. 募集

[英文] Acquisition

[俄文] Приобретение

[注释] 获取执行项目活动所必需的人力资源和物质资源。募集必然涉及资源成本，但未必是财务成本。

307. 帕累托图

[英文] Pareto diagram

[俄文] Диаграмма Парето

[注释] 一种按发生频率排序的直方图，显示每种已识别的原因分别导致的结果数量。

308. 排队等候

[英文] Queue

[俄文] Стоять в очередь

[注释] 等待的时间。

P

309. 配置管理系统

[英文] Configuration management system

[俄文] Система управления конфигурацией

[注释] 整个项目管理系统的一个子系统。它由一系列正式的书面程序组成，用于对以下工作提供技术和管理方面的指导与监督：识别并记录产品、成果、服务或部件的功能特征和物理特征；控制对上述特征的任何变更；记录并报告每项变更及其实施情况；支持对产品、成果或部件的审查，以确保其符合要求。该系统包括文件和跟踪系统，并明确了为核准和控制变更所需的审批级别。

310. 批准

[英文] Approval

[俄文] Одобрение

[注释] 合格审定当局执行的正式核准行为。

311. 批准的变更请求

[英文] Approved change request

[俄文] Одобренный запрос на изменение

[注释] 经整体变更控制过程处理并批准的变更请求。

312. 批准放行证书 / 适航批准标签

[英文] Authorized release certificate/ Airworthiness approval tag

[俄文] Свидетельство пригодности к эксплуатации/Талон одобрения лётной годности

[注释] 批准放行证书／适航批准标签是制造符合性检查代表或委任生产检验代表签发的、用于证实试验产品已经过制造符合性检查，符合型号资料的标签。

313. 批准型号清单

[英文] Approved model list (AML)

[俄文] Перечень одобренных моделей

[注释] 多个型号合格证使用同一个批准模型清单来控制安装资格的情况。

314. 偏差 (项目)

[英文] Variance

[俄文] Отклонение

[注释] 实际性能与计划的费用或进度状态之间的差别。

315. 偏差分析 (项目)

[英文] Variance analysis

[俄文] Анализ отклонений

[注释] 确定实际绩效与基准的差异程度及原因的一种技术。

316. 偏离

[英文] Deviation

[俄文] Отклонение

[注释] 对于规章中明确允许偏离的条款，合格证持有人在提出恰当理由和证明能够达到同等安全水平的情况下，经局方批准，可以不遵守相应条款的规定或者遵守替代的规定、条件或者限制。

317. 平衡

[英文] Leveling

[俄文] Выравнивание

[注释] 见"资源平衡"。

Q

318. 七种基本质量工具

[英文] Seven basic quality tools

[俄文] Семь основных инструментов качества

[注释] 组织中负责规划、监督和控制质量事宜的质量管理专业人员所使用的一套标准工具包。

319. 其他关注团体

[英文] Other interested parties (stakeholders)

[俄文] Другие заинтересованные стороны

[注释] 干系人的一个子集，是指那些非计划技术成果的客户，但可能被目标产品及其实现和使用方式所影响，或有责任提供寿命周期保障服务的组织和个人，参见"干系人"。

320. 其他质量规划工具

[英文] Additional quality planning tools

[俄文] Дополнительные инструменты планирования качества

[注释] 用来定义质量要求、规划有效的质量管理活动的一组工具，包括但不限于头脑风暴、力场分析、名义小组技术及质量管理和控制工具。

321. 启动过程组

[英文] Initiating process group

[俄文] Группа инициации процессов

[注释] 定义一个新项目或现有项目的一个新阶段，授权开始该项目或阶段的一组过程。

322. 前言

[英文] Introduction

[俄文] Введение

[注释] 包含技术出版物的适用范围、编写特点和使用要求，以及需要说明

的其他内容。

323. 强弱利弊分析

[英文] SWOT analysis (SWOT)

[俄文] Анализ преимущества，недостаки，возможностей и угроз

[注释] 对一个组织、项目或备选方案的优势、劣势、机会和威胁的分析。

324. 强制日期

[英文] Imposed date

[俄文] Ограничивающая дата

[注释] 强加于进度活动或进度里程碑的固定日期，一般采取"不早于何时开始"和"不晚于何时结束"的形式。

325. 强制性依赖关系

[英文] Mandatory dependency

[俄文] Обязательная зависимость

[注释] 合同要求的或工作的内在性质决定的依赖关系。

326. 亲和图

[英文] Affinity diagram

[俄文] Диаграмма сходства

[注释] 群体创新技术的一种，用来对大量创意进行分组，以便进一步审查和分析。

327. 情商

[英文] Emotional intelligence

[俄文] Эмоциональный интеллект

[注释] 识别、评估和管理个人情绪、他人情绪及团组群体情绪的能力。

328. 请求的变更

[英文] Requested change

[俄文] Запрошенное изменение

[注释] 提交给整体变更控制过程审批的正式书面变更请求。

329. 区域安全性分析

[英文] Zonal safety analysis

[俄文] Зональный анализ безопасности

[注释] 与安装、系统间干扰以及能影响系统安全的潜在维修错误相关的安全性分析标准。

330. 区域和口盖手册

[英文] Zone and access manual (ZAM)

[俄文] Руководство по зонам и доступам

[注释] 将飞机和发动机划分成标准的区域和子区域，并为维护口盖、面板指定标准的、容易识别的编号，供用户对飞机或发动机进行维护或维修工作时使用的手册。

331. 趋势分析

[英文] Trend analysis

[俄文] Анализ тенденций

[注释] 根据历史数据并利用数学模型，预测未来结果的一种分析技术。它利用以往各绩效报告期的数据，确定预算、成本、进度或范围的实际水平与基准间的偏差，并预测在项目执行不发生变更的情况下，在未来某时点相应参数与基准值的偏差。

332. 权变措施

[英文] Workaround

[俄文] Обход (обходной путь)

[注释] 在未事先制定应对措施或事先制定的应对措施无效时，针对已发生的威胁而采取的应对措施。

333. 缺陷

[英文] Defect

[俄文] Дефект

[注释] 项目组成部分中不能满足要求或规范，需要修补或更换的瑕疵或缺点。

334. 缺陷补救

[英文] Defect repair

[俄文] Исправление дефекта

[注释] 为了修正不一致产品或产品组件的有目的的活动。

335. 确定依赖关系

[英文] Dependency determination

[俄文] Определение зависимостей

[注释] 识别依赖关系类型的一种技术，用来创建紧前和紧后活动之间的逻辑关系。

336. 确认

[英文] Validation

[俄文] Подтверждение

[注释] 确定对产品的需求是正确和完整的。（是否在确立正确的飞机/系统/功能/项目）

337. 确认范围

[英文] Validate scope

[俄文] Подтверждение содержания

[注释] 正式验收已完成的项目可交付成果的过程。

338. 群体创新技术

[英文] Group creativity techniques

[俄文] Техника группового творчества

[注释] 用于在干系人群体中激发创意的技术。

339. 群体决策技术

[英文] Group decision-making techniques

[俄文] Техника группового принятия решений

[注释] 对多个备选方案进行评估的技术，用于生成产品需求并进行分类和优先级排序。

R

340. 人际关系技能

[英文] Interpersonal skills

[俄文] Навыки межличностного общения

[注释] 与他人建立并保持关系的能力。

341. 人际交往

[英文] Networking

[俄文] Налаживание связей

[注释] 与同一组织和不同组织中的人员建立联系和关系。

342. 人力投入

[英文] Effort

[俄文] Трудоемкость

[注释] 完成一个进度活动或工作分解结构组件所需要的人工单位数，通常以小时、天和周来表示。

343. 认可

[英文] Acceptance

[俄文] Одобрение

[注释] 所提交的材料、论证或等效申请满足适用的要求而被适航审定当局所接受。

344. 认可 (适航证)

[英文] Rendering (a certificate of airworthiness) valid

[俄文] Объявление (сертификата летной годности) действительным

[注释] 一个缔约国为承认任何其他缔约国颁发的适航证替代等效于本国颁发的适航证所采取的行动。

345. 认可审查资料

[英文] Data of validation

[俄文] Подтверждение данных

[注释] 与申请、颁发型号认可证、补充型号认可证以及进口材料、零部件、机载设备的设计批准认可有关的资料，包括申请人提供的资料和局方完成的认可审查文件。

346. 日志

[英文] Log

[俄文] Журнал

[注释] 对过程或活动实施期间的某些特定事项进行记录、描述或说明的文件。前面常加修饰词，如问题、质量控制、行动或缺陷等。

347. 软逻辑

[英文] Soft logic

[俄文] Мягкая логика/ Дискреционная зависимость

[注释] 见"选择性依赖关系"。

S

348. 三点估算

[英文] Three-point estimate

[俄文] Оценка по трем точкам

[注释] 当活动的估算无法确定时，使用其乐观估算、悲观估算和最可能估算的平均值作为估算结果的一种技术。

349. 散点图

[英文] Scatter diagram

[俄文] Диаграмма разброса

[注释] 一种表示相关性的图，使用回归线来解释或预测一个自变量的变化如何引起一个因变量的变化。

350. 商业航空

[英文] Commercial aviation

[俄文] Коммерческая авиация

351. 商业价值

[英文] Business value

[俄文] Коммерческая ценность

[注释] 每个组织都有其独特的商业价值，其中包含了有形和无形的成分。通过有效应用项目管理、项目集管理和项目组合管理方法，组织就能够使用可靠、确定的流程来实现企业目标，并从投资中获取更大的商业价值。

352. 商业论证

[英文] Business case

[俄文] Деловая-аргументация

[注释] 文档化的经济可行性研究报告，用来对尚缺乏充分定义的所选方案的收益进行有效性论证，是启动后续项目管理活动的依据。

353. 商业营运人

[英文] Commercial operator

[俄文] Коммерческий оператор

[注释] 指以报酬或租金为目的，通过商业航运用航空器从事人员或财物运载的个人或法人，但不是作为航空承运人或外国航空承运人或依据规章的授权人员。不能确定一项营运是否是以"报酬或租金"为目的时，就要看该项航空承运是否只是在那个人的其他业务之外的偶然行为，或是其本身就是获取盈利的主要业务。

354. 设备装置

[英文] Appliance

[俄文] Устройство

[注释] 用于或预期用于航空器飞行中的操作或控制，安装在航空器内或与航空器相链接的任何仪表、机械、设备、零组件、装置、配件或附件（包括通信设备），但不是机体、发动机或螺旋桨的一部分。

355. 设计保证

[英文] Design assurance

[俄文] Обеспечение проектирования

[注释] 型号合格证或型号设计批准书申请人为了充分表明其具有以下能力所必需的所有有计划的、系统性的措施：① 设计的产品符合适用的适航规章和环境保护要求；② 表明并证实对适航规章和环境保护要求的符合性；③ 向型号合格审定委员会和型号合格审定审查组演示这种符合性。

356. 设计保证系统

[英文] Design assurance system (DAS)

[俄文] Система обеспечения проектирования

[注释] 申请人为了落实设计保证所规定的设计保证措施所需要的组织机构、职责、程序和资源。

357. 设计符合性

[英文] Design compliance

[俄文] Соответствие проектирования

[注释] 民用航空产品和零部件的设计符合规定的适航规章和要求。

358. 设计批准

[英文] Design approval

[俄文] Одобрение проектирования

[注释] 表示型号合格证书（包括型号合格证书更改和补充型号合格证书）或在零部件制造人批准书，技术标准规定项目批准书，技术标准规定项目设计批准信函下的批准设计，或其他设计批准。

359. 设计批准持有人

[英文] Design approval holder (DAH)

[俄文] Держатель одобрения проектирования

[注释] 包括型号合格证，型号合格证更改，补充型号合格证，补充型号合格证更改，零部件制造人批准书，技术标准规定项目批准书，技术标准规定项目设计批准信函等的设计批准的持有人。

360. 设计批准信函

[英文] Letter of design approval (LODA)

[俄文] Извещение об одобрении проектирования

[注释] 局方颁发给符合一个特殊的产品的信函，用以表示局方同意对设计进行批准。设计批准函是一个生产许可，并不是安装许可。

361. 申请人

[英文] Applicant

[俄文] Заявитель

[注释] 个人、合伙企业、协会，或政府实体等。包括一个受托人、接收人、受让人，或类似的他们中的任何一个代表。

362. 审查已批准的变更请求

[英文] Approved change requests review

[俄文] Обзор одобренных запросов на изменения

[注释] 对已批准的变更请求进行审查，以核实它们是否已按批准的方式得到实施。

363. 审定计划

[英文] Certification plan (CP)

[俄文] План сертификации

[注释] 申请人制定的关于采用何种符合性验证方法来表明产品符合审定基础的计划。

364. 审定维修要求

[英文] Certification maintenance requirement (CMR)

[俄文] Сертификационное требование к техническому обслуживанию

[注释] 对在航空器设计和审定期间，作为型号合格审定运行限制而要求的定期维护/检查任务予以说明。

365. 审定项目计划

[英文] Certification project plan (CPP)

[俄文] План проекта сертификации

[注释] 型号合格审查方内部的项目计划，用于协调型号合格审查方内部的人力资源、人员责任和进度。

366. 审批 (实施执行)

[英文] Approval (for implementation)

[俄文] Одобрение (для выполнения)

[注释] 决策机关认可，工程/项目符合相关利益者的期望和规划论证需求，并已准备就绪可推进实施。通过批准工程/项目，决策机关承诺进入实施阶段所需要的经费和资源预算。

367. 审批 (项目进程)

[英文] Approval

[俄文] Одобрение

[注释] 特定项目管理人员经授权对所提议的下一步项目进程的批准行为。审批过程必须存档。

368. 生产许可批准书持有人

[英文] Production approval holder (PAH)

[俄文] Держатель одобрения производства

[注释] 持有民航局颁发的生产许可证、生产检验系统批准书、技术标准规定项目批准书、零部件制造人批准书、零部件设计/生产批准函件中任何一种证书的法人。

369. 生产许可批准证书

[英文] Production approval

[俄文] Одобрение производства

[注释] 局方颁发的一类证书的统称，该证书持有人可以依据其许可并根据经批准的设计及质量系统生产相应的产品和零部件。此类证书包括：生产许可证、零部件制造人批准书、技术标准规定项目批准书等。

370. 生产许可审定

[英文] Production certification

[俄文] Утверждение сертификации производства

[注释] 局方对已获得民用航空产品型号设计批准并欲重复生产该产品的制造人所进行的资格性审定，以保证该产品符合经批准的型号设计。生产许可审定的最终批准形式是颁发生产许可证。

371. 生产许可审定委员会

[英文] Production certification board (PCB)

[俄文] Комиссия по утверждениемсертификации производства

[注释] 由局方组织成立的，代表局方负责某一项目生产许可审定工作的最高评审机构。

372. 生产许可证

[英文] Production certificate (PC)

[俄文] Сертификат производства

[注释] 局方颁发的一类证书，该证书持有人可以依据其许可并根据经批准的设计及质量系统生产相应的产品。

373. 生命周期

[英文] Life cycle

[俄文] Жизненный цикл

[注释] 见"项目生命周期"。

374. 失效模式与影响分析

[英文] Failure mode and effect analysis (FMEA)

[俄文] Анализ модели отказа последствий и влияния

[注释] 一种分析程序，用来分析产品的每个部件的各种可能失效模式及其对该部件可靠性的影响，并确定每种失效模式本身或与其他失效模式联合将对产品或系统可靠性产生的影响，及对该部件必备功能产生的影响；或者，用来检查产品（在整个系统和/或较低层次上）的所有可能失效模式。需要估算每种可能的失效对整个系统造成的影响和后果。此外，还应该审查为降低失效的概率和影响而计划采取的行动。

375. 时间标准

[英文] Time standard

[俄文] Стандарт времени

[注释] 允许完成一项任务的时间。

376. 时寿件

[英文] Life limited part

[俄文] Узел с ограниченным ресурсом

[注释] 按照一定的飞行时间、起落次数（循环）、日历时间、APU 小时、APU 循环或其组合进行控制，到期需送车间进行检测、翻修或拆下报废的部件。

377. 识别风险

[英文] Identify risks

[俄文] Выявление рисков

[注释] 判断哪些风险可能影响项目并记录其特征的过程。

378. 识别干系人

[英文] Identify stakeholders

[俄文] Определение заинтересованных сторон

[注释] 识别能影响项目决策、活动或结果的个人、群体或组织，以及被项目决策、活动或结果所影响的个人、群体或组织，并分析和记录他们的相关信息的过程。这些信息包括他们的利益、参与度、相互依赖性、影响力及对项目成功的潜在影响等。

379. 实际成本

[英文] Actual cost (AC)

[俄文] Фактическая себестоимость

380. 实际持续时间

[英文] Actual duration

[俄文] Фактическая продолжительность

[注释] 进度活动的实际开始日期与数据日期（如果该进度活动尚未完成）或实际完成日期（如果该进度活动已经完成）之间的日历时间。

381. 实践/做法

[英文] Practice

[俄文] Практика

[注释] 某种具体的专业或管理活动，有助于相关过程的实施，可能需要采用一种或多种技术和工具。

382. 实施采购

[英文] Conduct procurement

[俄文] Проведение закупок

[注释] 获取卖方应答、选择卖方并授权合同的过程。

383. 实施定量风险分析

[英文] Perform quantitative risk analysis

[俄文] Выполнение количественного анализа рисков

[注释] 就已识别的风险对项目整体目标的影响进行定量分析的过程。

384. 实施定性风险分析

[英文] Perform qualitative risk analysis

[俄文] Выполнение качественного анализа рисков

[注释] 评估并综合分析风险的概率和影响，对风险进行优先排序，从而为后续分析或行动提供基础的过程。

385. 实施整体变更控制

[英文] Perform integrated change control

[俄文] Выполнение интегрированного контроля изменений

[注释] 审查所有变更请求，批准变更，管理对可交付成果、组织过程资产、

项目文件和项目管理计划的变更，并对变更处理结果进行沟通的过程。

386. 实施指令

[英文] Instruction to proceed (ITP)

[俄文] Инструкция по выполнению определённой работы

[注释] 研制流程控制节点的输出物。表示决策机构审批通过，允许项目团队实施下一阶段产品寿命周期活动。

387. 实施质量保证

[英文] Perform quality assurance

[俄文] Выполнение обеспечения качества

[注释] 审计质量要求和质量控制测量结果，确保采用合理的质量标准和操作性定义的过程。

388. 实验设计

[英文] Design of experiments

[俄文] Планирование экспериментов

[注释] 一种统计方法，用来识别哪些因素会对正在生产的产品或正在开发的流程的特定变量产生影响。

389. 市场调研

[英文] Market research

[俄文] Исследование рынка

[注释] 通过会议、在线评论和各种其他渠道收集信息，了解市场情况的过程。

390. 事故症候

[英文] Incident symptom

[俄文] Инцидент происшествия

[注释] 一种不是事故但是影响运行安全的情形。

391. 事件

[英文] Event

[俄文] Событие

[注释] 一个时间点的概念。事件是由两部分合成的，它或者实现或者没有实现，而活动可以是部分完成的。事件可以是一个活动的开始与结束。

392. 事业环境影响

[英文] Enterprise environmental factors

[俄文] Факторы окружающей среды предприятия

[注释]（项目）团队不能直接控制的，将对项目、工程或项目组合产生影响、限制或指导作用的各种条件。

393. 试飞培训教材

[英文] Training material for flight test

[俄文] Учебник для летных испытаний

[注释] 试飞培训教材作为试飞阶段飞行机组、机务人员的学习材料，可以帮助受培训的人员全面地了解飞机及飞机各系统；为试飞飞机安全、可靠、有效地完成试飞任务打下良好的基础。

394. 试验产品

[英文] Test product

[俄文] Тестируемый изделие

[注释] 型号合格审定中用于各种验证试验的试验件、原型机及其零部件。

395. 适航

[英文] Airworthiness

[俄文] Лётная годность

[注释] 按适用适航要求进行设计、制造、使用和维护的航空器，在规定的限制使用条件下所具有的固有安全特性。

396. 适航管理

[英文] Airworthiness management

[俄文] Управление летной годности

[注释] 以保障民用航空安全为目标对航空产品实施的技术性程序性管理，由政府授权部门通过制定和实施航空产品的适航标准、审定规章以及相关管理程序和指导文件，对其从设计、制造、使用和维修等环节实施的全方位管理。

397. 适航管理程序

[英文] Airworthiness procedure (AP)

[俄文] Процедуры по летной годностью

[注释] 中国民用航空局颁发的有关民用航空规章的实施办法或具体管理程

序，是政府局方工作人员从事适航管理活动的依据，也是民用航空器设计、制造、使用和维修的单位或个人从事民用航空活动应当遵守的行为规则。

398. 适航监察员

[英文] Airworthiness inspector

[俄文] Инспектор по лётной годности

[注释] 指从事适航审定的局方人员，包括局方的制造检查人员、工程人员、试飞工程师和试飞员等。

399. 适航批准标签

[英文] Airworthiness approval tag

[俄文] Талон одобрения лётной годности

[注释] 是制造符合性检查代表或委任生产检验代表签发的、用于证实试验产品已经过制造符合性检查，符合型号资料的标签。

400. 适航限制项目

[英文] Airworthiness limitation items (ALI)

[俄文] Элементы ограничения лётной годности

[注释] 申请人通过型号合格审定过程制定并获审查部门批准的型号设计组成部分文件，通常列入飞机飞行手册或持续适航文件的适航限制部分，内容涉及对相关飞机结构、系统的强制性维修、检查、更换和评定的要求。

401. 适航证

[英文] Certification of airworthiness

[俄文] Сертификация лётной годности

[注释] 局方在确认单架产品航空器的制造符合经批准设计并处于安全可用状态后，为其所颁发的证明其适航性的证件。

402. 适航指令

[英文] Airworthiness directive (AD)

[俄文] Директива лётной годности

[注释] 针对任何航空器上发现的、很可能存在于或发生于相同/相似型号设计的其他航空器中的不安全状态，所制定的强制性检查要求、改正措施或使用限制。

403. 适应型生命周期

[英文] Adaptive life cycle

[俄文] Адаптивный жизненный цикл

[注释] 一种项目生命周期模式，也称为变更驱动或敏捷方法，其目的在于方便变更，获取干系人持续的高度参与。适应型生命周期也包含迭代和增量的概念，但不同之处在于，迭代很快（通常 2～4 周迭代 1 次），而且所需时间和资源是固定的。

404. 收集需求

[英文] Collect requirements

[俄文] Сбор требований

[注释] 为实现项目目标而确定、记录并管理干系人的需求和要求的过程。

405. 收尾过程组

[英文] Closing process group

[俄文] Группа процесса закрытия

[注释] 完结所有项目管理过程组的所有活动，以正式结束项目或阶段的过程。

406. 首选逻辑关系

[英文] Preferred logic

[俄文] Предпочтительная логика

[注释] 见"选择性依赖关系"。

407. 输出

[英文] Output

[俄文] Выход

[注释] 由某个过程产生的产品、成果或服务，可能成为后续过程的输入。

408. 输入

[英文] Input

[俄文] Вход

[注释] 开始一个过程所必需的、来自项目内外的任何东西。可以是前一过程的输出。

409. 树形图

[英文] Tree diagram

[俄文] Древовидная диаграмма

[注释] 用父子关系直观展示系统规则的层级分解系统图。

410. 数据管理

[英文] Data management (DM)

[俄文] Управление данными

数据管理的目的在于在系统的全寿命周期中，规划、获取、访问、管理、保护和运用技术特性数据。

411. 数据收集和展示技术

[英文] Data gathering and representation techniques

[俄文] Методы сбора и представления данных

[注释] 用来收集、组织和呈现数据与信息的技术。

412. 双边适航协议

[英文] Bilateral airworthiness agreement (BAA)

[俄文] Двустороннее соглашение о летной годности

[注释] 由两国政府代表签署或通过交换外交照会生效的关于适航的技术性执行协定或协议。

413. 四象限图

[英文] Quad chart

[俄文] Квадратурная диаграмма

[注释] 一种项目信息报送的工具。通常将一幅页面分成四个区块，分别展示项目/团队在过去一周或给定时间段内的重大进展、重大问题和风险、重大活动以及下周或下一时间段的工作计划。

414. 索赔

[英文] Claim

[俄文] Претензия

[注释] 根据具有法律约束力的合同条款，卖方向买方（或买方向卖方）提出的关于报酬、补偿或款项的请求、要求或主张，如针对某个有争议的变更。

415. 索赔管理

[英文] Claims administration

[俄文] Управление претензиями

[注释] 对合同索赔进行处理、裁决和沟通的过程。

T

416. 谈判

[英文] Negotiation

[俄文] Переговоры

[注释] 有关各方通过协商来解决争议的过程和活动。

417. 弹回计划

[英文] Fallback plan

[俄文] Резервный план

[注释] 包含一组备用的行动和任务，以便在主计划因问题、风险或其他原因而废弃时采用。

418. 特殊适航证

[英文] Special airworthiness certificates

[俄文] Специальный сертификат летной годности

[注释] 对下列航空器颁发特殊适航证：① 按照 CCAR-21R3 取得型号设计批准书的航空器；② 中国民用航空局同意的其他航空器。

419. 特殊适航指令

[英文] Special airworthiness directive

[俄文] Специальная директива летной годности

[注释] 带有敏感技术内容，涉及航空保安的适航指令。

420. 特许飞行证

[英文] Special flight permits

[俄文] Разрешения на специальные полеты

[注释] 民用航空器尚未取得有效适航证之前或目前可能不符合有关适航要求但在一定限制条件下能安全飞行的情况下要进行飞行而需要的一种证件，可分为第一类特许飞行证和第二类特许飞行证。① 从事下列飞行之一的尚未取得有效适航的民用航空器，应取得第一类特许飞行证：为试验航空器新的设计

构思、新设备、新安装、新操作技术及新用途而进行的飞行；为证明符合适航标准而进行的试验飞行，包括证明符合型号合格证、型号设计批准书、补充型号合格证和改装设计批准书的飞行、证实重要设计更改的飞行、证明符合标准的功能和可靠性要求的飞行；新飞机的生产试飞；制造人为交付或出口航空器而进行的调机飞行；制造人为训练机组而进行的飞行；为航空比赛或展示航空器的飞行能力、性能和不寻常特性而进行的飞行，包括飞往和飞离比赛、展览、拍摄场所的飞行；为航空器市场调查和销售而进行的表演飞行；局方同意的其他飞行。② 从事以下飞行之一的尚未取得有效适航证或目前可能不符合有关适航要求但在一定限制条件下能安全飞行的航空器，应当取得第二类特许飞行证：为改装、修理航空器而进行的调机飞行；营运人为交付或出口航空器而进行的调机飞行；为撤离发生危险的地区而进行的飞行；局方认为必要的其他飞行。

421. 统计抽样

[英文] Statistical sampling

[俄文] Статистическая выборка

[注释] 从目标总体中选取部分样本用于检查。

422. 头脑风暴

[英文] Brainstorming

[俄文] Мозговой шторм

[注释] 一种通用的数据收集和创意激发技术。通过召集一组团队成员或主题专家，来识别风险、提出创意或问题解决方案。

423. 投标人会议

[英文] Bidder conference

[俄文] Конференция участников тендера

[注释] 在准备投标书或建议书之前，与潜在卖方举行的会议，以便保证所有潜在卖方对本项采购都有清楚且一致的理解。又称承包商会议、供应商会议或投标前会议。

424. 投标邀请书

[英文] Invitation for bid (IFB)

[俄文] Приглашение к участию в торгах (IFB)

[注释] 通常本术语等同于建议邀请书，但在某些应用领域，其含义可能更狭窄或更具体。

425. 图解技术

[英文] Diagramming techniques

[俄文] Методы диаграмм

[注释] 用逻辑链接来呈现信息以辅助理解的方法。

W

426. 外部依赖关系

[英文] External dependency

[俄文] Внешняя зависимость

[注释] 项目活动与非项目活动之间的关系。

427. 外国适航证认可书

[英文] Validation of foreign airworthiness certificate

[俄文] Подтверждение иностранного сертификата летной годности

[注释] 对在外国登记注册，持有外国适航当局颁发的现行有效适航证，且型号设计已经民航局认可，并由中国占有人或使用人运行的航空器颁发外国航空器适航证认可书。

428. 完成日期

[英文] Finish date

[俄文] Дата завершения

[注释] 与进度活动的完成相关联的时间点。通常带下列修饰词：实际、计划、估计、预计、最早、最晚、基准、目标或当前。

429. 完工估算

[英文] Estimate at completion (EAC)

[俄文] Оценка на завершении

[注释] 完成所有工作所需的预期总成本，等于截至目前的实际成本加上完工尚需估算。

430. 完工偏差

[英文] Varianceatcompletion (VAC)

[俄文] Отклонение по завершении (ОПЗ)

[注释] 对预算亏空量或盈余量的一种预测，是完工预算与完工估算之差。

431. 完工尚需估算

[英文] Estimate to complete (ETC)

[俄文] Оценка до завершения

[注释] 完成所有剩余项目工作的预计成本。

432. 完工尚需绩效指数

[英文] To-complete performance index (TCPI)

[俄文] Показатель результативности до завершения (ИПДЗ)

[注释] 为了实现特定的管理目标，剩余资源的使用必须达到的成本绩效指标，是完成剩余工作所需成本与剩余预算之比。

433. 完工预算

[英文] Budget at completion (BAC)

[俄文] Бюджет по завершении (БПЗ)

[注释] 为将要执行的工作所建立的全部预算的总和。

434. 网络

[俄文] Network

[俄文] Сеть

[注释] 见"项目进度网络图"。

435. 网络分析

[英文] Network analysis

[俄文] Анализ сети

[注释] 见"进度网络分析"。

436. 网络路径

[英文] Network path

[俄文] Путь в сети

[注释] 在项目进度网络图中，通过逻辑关系连接起来的任何连续的进度活动序列。

437. 网络逻辑

[英文] Network logic

[俄文] Логика сети

[注释] 项目进度网络图中各进度活动之间的依赖关系的总称。

438. 威胁

[英文] Threat

[俄文] Угроза

[注释] 对项目的一个或多个目标产生负面影响的风险。

439. 维修

[英文] Maintenance

[俄文] Техническое обслуживание

[注释] 检查、翻修、修理、封存以及零部件的更换，但不包括预防性维修。

440. 维修设施计划

[英文] Maintenance facility planning (MFP)

[俄文] Планирование средств технического обслуживания

[注释] 提供维修设施信息，并为制定停机坪/航线或机库维修工作所需维修设施计划提供相关资料。

441. 维修审查委员会

[英文] Maintenance review board (MRB)

[俄文] Комитет обзоратехнического обслуживания

[注释] 对预期主要用于航空承运人环境的航空器，申请人可以使用相关程序制订和生成维修任务及其相关的时间间隔用作航空承运人持续适航维修大纲中的初始维修时间限制。同样地，制造厂商也可以使用通过维修审查委员会过程生成的相应维修任务和时间间隔，来表明对于合格审定规章的检查大纲要求的符合性。维修审查委员会由飞行标准检查员、飞机合格审定办公室项目经理、从主管审定中心派出的相关工程人员组成。

442. 委任工程代表

[英文] Designated engineering representatives (DER)

[俄文] Назначенные инженерные представители

[注释] 获责任审查部门授权委任的申请人的工程技术人员，可以在局方监控下代表其行使授权范围内的型号合格审定工作。

443. 委任工程代表型号资料审查表

[英文] DER statement of compliance

[俄文] Заключение назначенного инженерного представителя о соответствии

[注释] 由授权的委任工程代表填写的、用于证实型号资料已经过审查、符合要求并按授权予以批准或提出批准建议的表格。

444. 委任生产检验代表

[英文] Designated manufacturing inspection representatives (DMIR)

[俄文] Назначенные представители контроля производства

[注释] 获责任审查部门授权委任的申请人的生产检验技术人员，可以在局方监控下代表其行使授权范围内制造符合性检查工作。

445. 未完项

[英文] Backlog

[俄文] Задержка

[注释] 待完成的产品需求和可交付成果清单，按故事叙述，按业务排序，以便管理和组织项目工作。

446. 文档审查

[英文] Documentation reviews

[俄文] Обзор документации

[注释] 集一些特定的信息并加以审查，以确定其准确性和完整性的过程。

447. 文件分析

[英文] Document analysis

[俄文] Анализ документов

[注释] 通过分析现有文档，识别与需求相关的信息的一种启发式技术。

448. 问卷调查

[英文] Questionnaires and surveys

[俄文] Анкетирование и опросы

[注释] 设计一系列书面问题，向众多受访者快速收集信息。

449. 问题

[英文] Issue

[俄文] Вопрос

[注释] 有质疑或争议的观点或事项，议而未决的观点或事项，或者，有对立看法或异 议的观点或事项。

450. 问题纪要

[英文] Issue paper (IP)

[俄文] Протокол (Бумаги) вопросов

[注释] 用来确认和解决型号合格审定过程中发生的有关技术、规章和管理的重要或有争议问题的一种手段，也是用来确定问题处理进展情况的手段，并且是证后对问题处理情况进行总结的基础。

451. 问题纪要汇编

[英文] Issue book

[俄文] Книга вопросов

[注释] 将所有的问题纪要汇编成册并进行动态管理的汇总性文件。在型号合格审定过程中，型号合格审定审查组组长收集当时情况下的所有问题纪要并汇编成册，供责任审定单位、责任审查部门、型号合格审定委员会、型号合格审定审查组和申请人使用。同时，问题纪要汇编可作为今后其他型号合格审定的参考。

452. 问题日志

[英文] Issue log

[俄文] Журнал проблем

[注释] 用来记录和监督项目干系人之间的讨论事项或争议事项的项目文件。

453. 问题通报

[英文] Problem reporting (PR)

[俄文] Отчёт о проблемах

[注释] 在项目进行过程中，对出现的各种问题辨识、分类、通报、归档、处理、跟踪并关闭的流程。

454. 无损检测手册

[英文] Non-destructive testing manual (NDT)

[俄文] Руководство по методам неразрушающего контроля

[注释] 应包含标准实施和对每个检测步骤的解释，这些程序应规定有效范围、工具/设备、准备工作、设备校准、检查步骤、验收准则以及合格/不合格标准。

455. 物资

[英文] Material

[俄文] Материальные средства

[注释] 组织在任何工作中所使用的各种东西的总和，如设备、仪器、工具、机器、装置、材料和用品等。

X

456. 系统交互图

[英文] Context diagrams

[俄文] Контекстные диаграммы

[注释] 对产品范围的可视化描绘，显示业务系统（过程、设备、计算机系统等）及其与人和其他系统（行动者）之间的交互方式。

457. 系统原理图

[英文] System schematic manual (SSM)

[俄文] Схематическое руководство по системе

[注释] 对飞机上各系统的原理图的汇总，帮助维修人员对各个系统的理解以及方便进行航线可更换件的故障隔离。

458. 现场工程支持

[英文] Onsite engineering support

[俄文] Местная инженерная поддержка

[注释] 为解决商用飞机试制生产现场技术问题，对工程图纸、规范、标准

和有关设计准则提供技术支持，并解答跟产表单的全过程。

459. 线路图手册

[英文] Wiring diagram manual (WDM)

[俄文] Руководство по составлению монтажной схемы

[注释] 提供了飞机所有电子/电气线路构成的线路图、系统原理图、导线表、设备表和位置图（包括必要的发动机、部件内部线路），并对相关的电路给予了充分说明。

460. 相对多数原则

[英文] Plurality

[俄文] Множество

[注释] 根据群体中相对多数人的意见做出决定，即便未能获得大多数人的同意。

461. 相关利益者

[英文] Relevant stakeholder

[俄文] Соответствующая заинтересованная сторона

[注释] 见"干系人"。

462. 项目

[英文] Project

[俄文] Проект

[注释] 为创造独特的产品、服务或成果而进行的临时性工作。是一种规定了目的、目标、需求、寿命周期成本、起始和终止时刻的特定的投资。

463. 项目 (进展) 例会

[英文] Drumbeat meeting

[俄文] Очередное совещание о статусе

[注释] 项目内用于沟通进展状态，提供团队人员沟通交流的一种方式，特点是定期，短小。因作用类似于军队行进的鼓点而得名。

464. 项目采购管理

[英文] Project procurement management

[俄文] Управление закупками проекта

[注释] 包括从项目团队外部采购或获取所需产品、服务或成果的各个过程。

465. 项目成本管理

[英文] Project cost management

[俄文] Управление стоимостью проекта

[注释] 包括为使项目在批准的预算内完成而对成本进行规划、估算、预算、融资、筹资、管理和控制的各个过程。

466. 项目范围

[英文] Project scope

[俄文] Объем проекта

[注释] 为交付具有规定特性与功能的产品、服务或成果而必须完成的工作。

467. 项目范围管理

[英文] Project scope management

[俄文] Управление объема проекта

[注释] 包括确保项目做且只做所需的全部工作，以成功完成项目的各个过程。

468. 项目范围说明书

[英文] Project scope statement

[俄文] Описание объёма проекта

[注释] 对项目范围、主要可交付成果、假设条件和制约因素的描述。

469. 项目风险管理

[英文] Project risk management

[俄文] Управление рисками проекта

[注释] 包括规划风险管理、识别风险、实施风险分析、 规划风险应对和控制风险等各个过程。

470. 项目干系人管理

[英文] Project stakeholder management

[俄文] Управление заинтересованными сторонами проекта

[注释] 包括用于开展下列工作的各个过程：识别受项目影响的全部人员或组织，分析干系人对项目的期望和影响，制定合适的管理策略来有效调动干系人参与项目决策和执行。

471. 项目工程

[英文] Project engineering (PE)

[俄文] Разработка проекта

[注释] 研究和管理项目执行过程中流程执行、关键节点评审准备、后勤保障状态、人力资源配置、计划和成本管控等非目标产品专业技术的学科。

472. 项目工程师

[英文] Project engineer

[俄文] Инженер проекта

[注释] 责任审查部门指定的，对获得型号合格证或型号设计批准书后的航空器设计状态变更和制造过程中出现的设计构型偏离进行日常管理和监控，并对设计保证系统进行日常监察的人员。

473. 项目工作说明书

[英文] Project statement of work

[俄文] Описание работ проекта

[注释] 见"工作说明书"。

474. 项目管理

[英文] Project management (PM)

[俄文] Управления проектом

[注释] 将知识、技能、工具与技术应用于项目活动，以满足项目的要求。

475. 项目管理办公室

[英文] Project management office (PMO)

[俄文] Отдел управления проектами

[注释] 对与项目相关的治理过程进行标准化，并促进资源、方法论、工具和技术共享的一个组织部门。

476. 项目管理规划

[英文] Project management plan (PMP)

[俄文] План управления проектом

[注释] 说明项目将如何执行、监督和控制的文件。

477. 项目管理过程

[英文] Project management process

[俄文] Процесс управления проектом

[注释] 项目管理过程是为创建预定的产品、服务或成果而执行的一系列相

互关联的行动和活动。每个过程都有各自的输入、工具和技术及相应输出。

478. 项目管理过程组

[英文] Project management process group

[俄文] Группа процесса управления проектом

[注释] 项目管理输入、工具与技术和输出的逻辑组合，包括启动过程组、规划过程组、执行过程组、监控过程组和收尾过程组。项目管理过程组不同于项目阶段。

479. 项目管理人员

[英文] Project management staff

[俄文] Персонал，отвечающий за управление проектом

[注释] 项目团队中从事项目管理活动（如进度、沟通、风险管理等）的那些成员。

480. 项目管理团队

[英文] Project management team

[俄文] Команда управления проектом

[注释] 直接参与项目管理活动的项目团队成员。在一些较小项目中，项目管理团队可能包括几乎全部的项目团队成员。

481. 项目管理系统

[英文] Project management system

[俄文] Система управления проектом

[注释] 管理项目所需的过程、工具、技术、方法、资源和程序的集合。

482. 项目管理信息系统

[英文] Project management information system (PMIS)

[俄文] Информационная система управления проектом (ИСУП)

[注释] 由收集、整合和传播项目管理过程成果的工具和技术所组成的信息系统。它为项目从启动到收尾的所有方面提供支持，可以包括人工和自动系统。

483. 项目管理知识领域

[英文] Project management knowledge area

[俄文] Область знаний по управлению проектом

[注释] 按所需知识内容来定义的项目管理领域，并用其所含过程、做法、

输入、输出、工具和技术进行描述。

484. 项目管理知识体系

[英文] Project management body of knowledge (PMBOK)

[俄文] Свод знаний по управлению проектом

[注释] 说明项目管理专业范围内的知识总和的概括性术语。与法律、医学、会计等其他专业一样，该知识体系掌握在应用和推进它的从业者和学者手中。完整的项目管理知识体系既包括已被验证并广泛应用的传统做法，也包括本专业新近涌现的创新做法。该知识体系包括已发表和未发表的材料。该知识体系正处于不断演进中。PMI 的 PMBOK 指南识别了作为项目管理知识体系一部分的、被普遍公认的良好做法。

485. 项目管理专家证书

[英文] Certificate of project management professional (PMP)

[俄文] Сертификация профессионала в управлении проектами

[注释] 经 PMI 考核认证的项目管理证书。

486. 项目规划

[英文] Project plan

[俄文] План проекта

[注释] 建立项目实施控制基线的文件

487. 项目集

[英文] Program

[俄文] Программа

[注释] 一组相互关联且被协调管理的项目、子项目集和项目集活动，以便获得分别管理所无法获得的利益。

488. 项目阶段

[英文] Project phase

[俄文] Стадия проекта

[注释] 一组具有逻辑关系的项目活动的组合，通常以一个或多个可交付成果的完成为结束。

489. 项目经理

[英文] Project manager (PM)

[俄文] Управляющий проектом

[注释] 由执行组织委派，领导团队实现项目目标的个人。

490. 项目开展规划

[英文] Project development plan (PDP)

[俄文] План разработки проекта

[注释] 项目管理规划的组成部分，确定项目开展的实施路径和手段。

491. 项目启动

[英文] Project initiation

[俄文] Инициирование проекта

[注释] 发起一个用来正式授权新项目的过程。

492. 项目人力资源管理

[英文] Project human resource management

[俄文] Управление человеческими ресурсами проекта

[注释] 包括组织、管理和领导项目团队的各个过程。

493. 项目生命周期

[英文] Project life cycle (PLC)

[俄文] Жизненный цикл проекта

[注释] 项目从启动到收尾所经历的一系列阶段。

494. 项目时间管理

[英文] Project time management

[俄文] Управление сроками проекта

[注释] 包括为管理项目按时完成所需的各个过程。

495. 项目寿命周期管理

[英文] Project life cycle management (PLM)

[俄文] Управление жизненным циклом проекта

[注释] 应用相关知识、技能、工具与技术对项目在全寿命周期期间的发展及其行政和技术需求进行跟踪、监控和支援的行动。

496. 项目团队名录

[英文] Project team directory

[俄文] Справочник команды проекта

[注释] 列明项目团队成员及其项目角色和相关沟通信息的书面清单。

497. 项目型组织

[英文] Projectized organization

[俄文] Проектная организация

[注释] 组织结构的一种，项目经理可以全权安排优先级、使用资源和指挥项目人员。

498. 项目章程

[英文] Project charter

[俄文] Положение о проекте

[注释] 由项目启动者或发起人发布的，正式批准项目成立，并授权项目经理使用组织资源开展项目活动的文件。

499. 项目整合管理

[英文] Project integration management

[俄文] Управление интеграцией проекта

[注释] 包括为识别、定义、组合、统一和协调各项目管理过程组的各种过程和活动而开展的过程与活动。

500. 项目治理

[英文] Project governance

[俄文] Руководство проектами

[注释] 项目治理是一种符合组织治理模式的项目监管职能，覆盖整个项目生命周期。

501. 项目质量管理

[英文] Project quality management

[俄文] Управление качеством проекта

[注释] 包括执行组织确定质量政策、目标与职责的 各过程和活动，从而使项目满足其预定的需求。

502. 项目资金需求

[英文] Project funding requirements

[俄文] Требования к финансированию проекта

[注释] 根据成本基准计算出的待付成本预测，可以是总量或阶段资金需求，

包括预计支出加预计债务。

503. 项目组合

[英文] Portfolio

[俄文] Портфолио

[注释] 为了实现战略目标而组合在一起管理的项目、工程、子项目组合和运营工作。

504. 项目组合管理

[英文] Portfolio management

[俄文] Управление портфолио

[注释] 为了实现战略目标而对一个或多个项目组合进行的集中管理。

505. 项目组合平衡

[英文] Portfolio balancing

[俄文] Балансировка портфолио проектов

[注释] 为了推进组织战略目标和对项目组合的组成内容进行优化的流程。

506. 消耗品手册

[英文] Consumableproductmanual (CPM)

[俄文] Руководство по расходным материалам

[注释] 提供了飞机机体和所有机载设备、零件维护和修补时需要使用的消耗性材料目录。

507. 小改

[英文] Minoralteration

[俄文] Незначительное изменение

[注释] 除大改以外的加改装。

508. 小修

[英文] Minor repair

[俄文] Незначительный ремонт

[注释] 除大修以外的修理。

509. 协商解决

[英文] Negotiated settlements

[俄文] Урегулирование путем переговоров

[注释] 通过谈判，平等解决全部未决事项、索赔和争议的过程。

510. 协议

[英文] Agreements

[俄文] Соглашения

[注释] 用于明确项目初步意向的任何文件或沟通，形式有合同、谅解备忘录（MOU）、协议书、口头协议和电子邮件等。

511. 信息管理系统

[英文] Information management systems

[俄文] Системы управления информацией

[注释] 用于以实物或电子形式收集、储存和分发信息的设施、流程和程序。

512. 信息收集技术

[英文] Information gathering techniques

[俄文] Техника сбора информации

[注释] 从不同渠道汇集和组织数据的可重复的过程。

513. 信息邀请书

[英文] Request for information (RFI)

[俄文] Запрос информации

[注释] 采购文件的一种，买方借此邀请潜在卖方就某种产品、服务或卖方能力提供相关信息。

514. 行政指挥系统

[英文] Executive commander system

[俄文] Командно-административная система

[注释] 中国航空航天界和军工界通行的型号管理模式系统，"两总系统"中的重要组成部分。行政指挥系统原则上全面负责型号的研制流程和最终交付。该系统最高职务为型号总指挥。

515. 型号

[英文] Type

[俄文] Тип

[注释] 型号是指：① 用于航空人员的颁证、定级、权利和限制时，指航空器的某个具体制品和基本型别，包括不改变其操纵或飞行特性的改型；② 用于

航空器的合格审定时，指设计相似的那些航空器；③用于航空器发动机的合格审定时，指设计相似的那些发动机。

516. 型号合格审定

[英文] Type certification

[俄文] Сертификация типа

[注释] 中国民用航空局对民用航空产品（指航空器、发动机和螺旋桨）进行设计批准的过程（包括颁发型号合格证、型号设计批准书及对型号设计更改的批准）。

517. 型号合格审定基础

[英文] Type certification basis

[俄文] Сертификационный базис

[注释] 经型号合格审定委员会确定的、对某一民用航空产品进行型号合格审定所依据的标准。型号合格审定基础包括适用的适航规章、环境保护要求及专用条件、豁免和等效安全结论。

515. 型号合格审定审查组

[英文] Type certification team (TCT)

[俄文] Группа сертификации типа

[注释] 由责任审查部门负责组建，经型号合格审定委员会审议批准的审查团队，一般包括工程审查代表、制造符合性检查代表和设计保证系统审查代表。

519. 型号合格审定委员会

[英文] Type certification board (TCB)

[俄文] Комиссия по сертификации типа

[注释] 航空器型号合格审定过程中通常应成立的一个机构，负责航空器型号合格审定工作。

520. 型号合格证/型号设计批准书数据单

[英文] TC/TDA data sheet

[俄文] Карта данных сертификата типа

[注释] 与型号合格证或型号设计批准书同时颁发并构成型号合格证或型号设计批准书组成部分的文件。它记载了经批准的型号设计的基本数据和使用限制。

521. 型号合格证更改

[英文] Amended type certificate

[俄文] Поправка в сертификат типа

[注释] 由型号合格证持有人提出并获得批准的型号合格证的更改。只有型号合格证持有人可以申请型号合格证更改。

522. 型号合格证和型号设计批准书

[英文] Type certificate/Type design approval (TC/TDA)

[俄文] Сертификат типа/Одобрение типовой проект

[注释] 中国民用航空局根据中国民用航空规章《民用航空产品和零部件合格审定规定》颁发的、用以证明民用航空产品符合相应适航规章和环境保护要求的证件。型号合格证、型号设计批准书包括以下内容：型号设计、使用限制、数据单、有关适航要求和环境保护要求，以及对民用航空产品规定的其他条件或限制。根据《民用航空产品和零部件合格审定规定》第 21.21 条的规定，对正常类、实用类、特技类、通勤类、运输类、载人自由气球或者特殊类别航空器颁发型号合格证；对初级类和限用类航空器颁发型号设计批准书。

523. 型号检查报告

[英文] Type inspection report (TIR)

[俄文] Отчет об инспекции типа

[注释] 审查代表按分工编写的、为了证实航空器原型机符合适航规章而进行检查和试验的正式记录，记录在检查和试验期间所发现的所有重要情况。航空器型号检查报告分为地面检查和飞行试验两部分。

524. 型号检查核准书

[英文] Type inspection authorization (TIA)

[俄文] Разрешение на инспекцию типа

[注释] 型号合格审定审查组组长签发的，批准审查代表（含委任代表）对航空器原型机进行审定飞行试验前检查、现场目击或进行飞行试验的文件。型号检查核准书中明确了检查和审定飞行试验审查的具体要求。对结构试验和工艺试验的检查不使用型号检查核准书，用制造符合性检查请求单。

525. 型号设计资料

[英文] Type design data

[俄文] Данные проекта

[注释] 根据《民用航空产品和零部件合格审定规定》第 21.31 条规定，型号设计包括：① 定义航空器构型和设计特征符合有关适航规章和环境保护要求所需的图纸、技术规范及其清单；② 确定民用航空器结构强度所需要的尺寸、材料和工艺资料；③ 适航规章中规定的持续适航文件中的适航性限制部分；④ 通过对比法来确定同一型号后续民用航空器的适航性和适用的环境保护要求的其他资料。以上型号设计包括的资料称为型号设计资料。

526. 型号资料

[英文] Type data

[俄文] Данные типа

[注释] 型号设计资料与符合性验证资料的统称。

527. 型号资料批准表验收标准

[英文] Type data approval form

[俄文] Форма утверждения данных типа

[注释] 审查代表填写的、用于证实型号资料已经过审查、符合要求并予以批准的表格。

528. 型号资料评审表

[英文] Type data review form

[俄文] Форма проверки данных типа

[注释] 审查代表或授权的委任工程代表填写的、用于记录型号资料审查过程以及将型号资料审查意见向申请人反馈的表格。

529. 性能程序手册

[英文] Performance programs manual (PPM)

[俄文] Руководство по эксплуатационным программам

[注释] 是制造商为飞机驾驶员及航空公司航管人员提供飞机性能分析程序的使用指南，提供了各个性能分析程序的功能及其使用方法。

530. 性能指标

[英文] Performance index

[俄文] Показатель качества

[注释] 备选方案的综合效果度量。

531. 虚拟活动

[英文] Dummy activity

[俄文] Фиктивная операция

[注释] 工作网络中持续时间为 0 的活动，它不消耗时间或资源，只用来表示逻辑顺序。

532. 需求文件

[英文] Requirements documentation

[俄文] Документация по требованиям

[注释] 关于各种单一需求将如何满足项目商业需求的描述。

533. 选定的卖方

[英文] Selected sellers

[俄文] Выбранные продавцы

[注释] 被选中来提供合同规定的服务或产品的卖方。

534. 选择性依赖关系

[英文] Discretionary dependency

[俄文] Дискреционная зависимость

[注释] 基于某应用领域或项目方面对活动顺序的最佳实践而建立的依赖关系。

535. 学习曲线

[英文] Learning curve

[俄文] Учебная кривая

[注释] 用曲线表示出人们学习某项活动直到表现最优所花的时间。曲线中必须包含对活动持续时间的估计，以实现计划的结束日期。

Y

536. 演示验证

[英文] Demonstration

[俄文] Демонстрация

[注释] 一种需求验证手段。通过使用已实现的目标产品，表明干系人的一系列期望已经达到。

537. 验收标准

[英文] Acceptance criteria

[俄文] Критерии приемки

[注释] 可交付成果通过验收前必须满足的一系列条件。

538. 验收的可交付成果

[英文] Accepted deliverables

[俄文] Принятые поставляемые результаты

[注释] 项目产出的，且被项目客户或发起人确认为满足既定验收标准的产品、结果或能力。

539. 一致同意

[英文] Unanimity

[俄文] Единогласие

[注释] 对某个行动方案，小组中的每个人都表示同意。

540. 一致性

[英文] Conformance

[俄文] Единство

[注释] 质量管理体系中的一个通用概念，表示所交付的结果处于某质量要求的可接受偏差界限之内。

541. 一致性工作

[英文] Conformance work

[俄文] Работа на дединством

[注释] 在质量成本的框架中，为了一次就正确完成计划工作而做的附加工作。一致性工作包括与预防和检查相关的行动。

542. 依附型活动

[英文] Apportioned effort

[俄文] Зависимая трудоемкость

[注释] 其投入需按比例分摊到特定的独立型活动中，其本身无法拆分为独

立型活动的活动。（注：依附型活动是挣值管理中为考核工作绩效而采用的三种活动类型之一。）

543. 依赖关系

[英文] Dependency

[俄文] Зависимость

[注释] 见"逻辑关系"。

544. 依赖关系

[英文] Dependency

[俄文] Зависимость

[注释] 只有在前面的工作已经结束时，才能开始下一项或下一组任务，所有是依赖的或者依赖关系。

545. 因果图

[英文] Cause and effect diagram

[俄文] Диаграмма причины и следствия

[注释] 一种分解技术，有助于追溯造成非预期结果的根本原因。

546. 引导式研讨会

[英文] Facilitated workshops

[俄文] Способствующие семинары

[注释] 把主要的跨职能干系人召集在一起，通过集中讨论来定义产品需求的一种启发式技术。

547. 应急储备

[英文] Contingency reserve

[俄文] Резервный резерв

[注释] 包含在成本基准或绩效测量基准中的一部分预算，用于被接受的已识别风险和已制定应对或减轻措施的已识别风险。

548. 应急处置图

[英文] Crash crew chart (CCC)

[俄文] Схема аварийной команды

[注释] 提供了全机的基本信息和在应急情况下应采取的应急措施，如应急设

备位置，应急撤离路线和应急设备的使用方法等，供航空公司查询、培训等使用。

549. 应急费用

[英文] Contingency allowance

[俄文] Непредвиденные расходы

[注释] 见"储备"。

550. 应急应对策略

[英文] Contingent response strategies

[俄文] Стратегии на непредвиденные обстоятельства

[注释] 事先制定的，在某个特定触发条件发生时，可以启动的应对措施。

551. 应用领域

[英文] Application area

[俄文] Область применения

[注释] 具有显著共性的一类项目，而这些共性并非所有项目所必需或具备的。应用领域通常根据产品（如采用相似技术或生产方式）、客户类型（如内部或外部客户、政府或商业客户）或行业划分（如公用事业、汽车、航空航天、信息技术等）来定义。应用领域的划分可能出现交叉。

552. 影响图

[英文] Influence diagram

[俄文] Диаграмма влияния

[注释] 对变量与结果之间的因果关系、事件时间顺序及其他关系的图形表示。

553. 硬逻辑关系

[英文] Hard logic

[俄文] Жесткая логика/Обязательная зависимость

[注释] 见"强制性依赖关系"。

554. 泳道图

[英文] Swim lane chart

[俄文] Схема плавательных дорожок

[注释] 一种改良后的计划甘特图的表现形式。用图示化方式展现项目中上下层级系统对应主研制流程的关系、相互间的依赖关系以及进展状态和在实际进展与计划不符时对其他系统及整个项目的影响。

555. 用于机场计划的飞机特性手册

[英文] Aircraft characteristics for airport planning (ACAP)

[俄文] Характеристики воздушного судна для планирования аэропорта

[注释] 对机场设施规划所需要的必要数据和飞机的基本特性给予说明，能帮助飞机用户在较短时间内根据该手册提供的飞机基本数据、飞机性能、飞机地面操纵和飞机保养配置等内容进行机场设施规划。

556. 优先矩阵

[英文] Prioritization matrices

[俄文] Матрицы приоритетов

[注释] 一种质量管理规划工具，用来识别关键问题，评估合适的备选方案，以确定实施的优先顺序。

557. 优先逻辑关系

[英文] Preferential logic

[俄文] Предпочитаемая логика

[注释] 见"选择性依赖关系"。

558. 有效页目录

[英文] List of effective pages

[俄文] Перечень действующих страниц

[注释] 供用户查证该技术出版物各页是否齐全且现行有效。

559. 鱼骨图

[英文] Fishbone diagram

[俄文] Диаграмма«рыбий скелет»/Диаграмма причинно-следственных связей

[注释] 见"因果图"。

560. 预测

[英文] Forecast

[俄文] Прогноз

[注释] 根据已有的信息和知识，对项目未来的情况和事件进行的估算或预计。通常基于项目过去的绩效、未来的期望绩效及会影响项目的其他信息进行预测，如计算完工估算和完工尚需估算。

561. 预测型生命周期

[英文] Predictive life cycle

[俄文] Прогнозируемый жизненный цикл

[注释] 项目生命周期的一种。在项目生命周期的尽早时间，确定项目范围及交付此范围所需的时间和成本。

562. 预防措施

[英文] Preventive action

[俄文] Предупреждающее действие

[注释] 为确保项目工作的未来绩效符合项目管理计划，而进行的有目的的活动。

563. 预期货币价值分析

[英文] Expected monetary value analysis (EMVA)

[俄文] Анализ ожидаемого денежного значения

[注释] 当某些情况在未来可能发生或不发生时，计算平均结果的一种统计技术。常在决策树分析中使用。

564. 预算

[英文] Budget

[俄文] Бюджет

[注释] 整个项目、任一工作分解结构组件或任一进度活动的，经批准的成本估算。

565. 裕量

[英文] Margin

[俄文] Запас

[注释] 考虑到不确定性和风险而在预算、项目进度、技术性能参数中加入的额外量。在规划论证过程中根据风险评估确定裕量分配基线，裕量通常在工程/项目全寿命周期进展中消耗掉。

566. 原型法

[英文] Prototypes

[俄文] Прототипы

[注释] 在实际制造预期产品之前，先造出其实用模型，并据此征求对需求的早期反馈的一种方法。

567. 运行

[英文] Operate

[俄文] Операция

[注释] 就航空器而言，指为包括驾驶航空器在内的航空目的（除规章规定者外）而使用、导致使用或批准使用航空器，而无论其对之是否有控制权（作为所有人、承租人或其他）。

Z

568. 责任审查部门

[英文] Responsible reviewing department

[俄文] Ответственный ревизионный отдел

责任审定单位指定的负责完成型号合格审定项目具体审查任务的机构。

569. 责任审定单位

[英文] Responsible certification unit

[俄文] Ответственное подразделение сертификации

[注释] 负责具体型号合格审定项目证件申请受理、颁发和管理的单位。责任审定单位对相应的型号审查活动进行指导和监控。

570. 增量型生命周期

[英文] Incremental life cycle

[俄文] Инкрементный жизненный цикл

[注释] 项目生命周期的一种。在项目生命周期的早期，基本确定项目范围，但是要随项目团队对产品理解程度的逐步提高，例行修改时间估算和成本估算。迭代方法是通过一系列循环来开发产品，而增量方法是渐进地增加产品功能。

571. 挣值

[英文] Earned value (EV)

[俄文] Освоенный объем (ОО)

[注释] 对已完成工作的测量，用该工作的批准预算来表示。

572. 挣值管理

[英文] Earned value management (EVM)

[俄文] Управление освоенным объемом

将范围、进度和资源测量值综合起来，以评估项目绩效和进展的方法。

573. 正文前资料

[英文] Front matter

[俄文] Титульные элементы (книги)

[注释] 正文前资料是出版物正文前的部分内容的统称。主要包括：内封、发送函、飞机有效性目录、有效页目录、更改单目录、临时更改单记录、服务通告记录、目录、章目录、图目录、表目录、前言、术语/缩略语清单和索引等。

574. 政策

[英文] Policy

[俄文] Политика

[注释] 组织所采用的一套结构化的行动模式，组织政策可以解释为一套治理组织行为的基本原则。

575. 支持型活动

[英文] Level of effort (LOE)

[俄文] Уровень усилия

[注释] 一种不产生明确的最终产品，而是按时间流逝来度量的活动。（注：支持型活动是挣值管理中为考核工作绩效而采用的三种活动类型之一。）

576. 支付系统

[英文] Payment systems

[俄文] Системы оплаты

[注释] 用来接收和处理供应商的发票，对服务和产品进行付款的系统。

577. 支援设备摘要

[英文] Support equipment summary (SES)

[俄文] Резюме оборудования технического обслуживания

[注释] 主要为维护人员提供在飞机系统和结构保养、维修以及翻修过程中所使用到的地面支援设备和工具的各类指导和参考信息。

578. 知识管理 (项目)

[英文] Knowledge management (KM)

[俄文] Управление знанием

[注释] 在正确的时间点将正确的信息无延迟地传达到正确的项目人员，帮助团队成员形成并共享知识，且以正确的方式采取行动，从而可量化地提高团队及合作伙伴的表现和能力。

579. 执行

[英文] Execute

[俄文] Исполнять

[注释] 指导、管理、实施和完成项目工作，产出可交付成果和工作绩效数据。

580. 执行过程组

[英文] Executing process group

[俄文] Группа исполнения процессов

[注释] 完成项目管理计划中确定的工作，以满足项目规范要求的一组过程。

581. 直方图

[英文] Histogram

[俄文] Гистограмма

[注释] 一种特殊的条形图，用来描述统计分布的集中趋势、分散程度和分布形状。

582. 职能经理

[英文] Functional manager

[俄文] Функциональный Манеджер

[注释] 职能型组织内对某部门拥有管理职权的个人，任何实际生产产品或提供服务的团队的经理。有时也称"直线经理"。

583. 职能型组织

[英文] Functional organization

[俄文] Функциональная организация

[注释] 一种层级组织，其中每个员工都有一位明确的上级，人员根据专业分组，并由具有该专业领域特长的人进行管理。

584. 职权

[英文] Authority
[俄文] Право
[注释] 使用项目资源、花费资金、做出决策或给予批准的权力。

585. 职责

[英文] Responsibility
[俄文] Ответственность
[注释] 可在项目管理计划中进行委派的任务，接受委派的资源负有按要求完成任务的义务。

586. 指导与管理项目工作

[英文] Direct and manage project work
[俄文] Руководство и управление работами проекта
[注释] 为实现项目目标而领导和执行项目管理计划中所确定的工作，并实施已批准变更的过程。

587. 指南

[英文] Guide
[俄文] Руководство
[注释] 一种正式的推荐或建议，包括就如何完成某事而提出的政策、标准或程序。

588. 制定 (有关流程)

[英文] Establish (with respect to processes)
[俄文] Устанавливать (в отношении процессов)
[注释] 在实施过程中开发政策、工作指导和程序的活动。

589. 制定进度计划

[英文] Develop schedule
[俄文] Разработка расписания
[注释] 分析活动顺序、持续时间、资源需求和进度制约因素，创建项目进

度模型的过程。

590. 制定项目管理计划

[英文] Develop project management plan

[俄文] Разработка плана управления проектом

[注释] 定义、准备和协调所有子计划，并把它们整合为一份综合项目管理计划的过程。

591. 制定项目章程

[英文] Develop project charter

[俄文] Разработка устава проекта

[注释] 编写一份正式批准项目并授权项目经理在项目活动中使用组织资源的文件的过程。

592. 制定预算

[英文] Determine budget

[俄文] Определение бюджета

[注释] 汇总所有单个活动或工作包的估算成本，建立一个经批准的成本基准过程。

593. 制约因素

[英文] Constraint

[俄文] Ограничение

[注释] 对项目、工程、项目组合或过程有影响的限制性因素。

594. 制造符合性

[英文] Conformity

[俄文] Соответствие

[注释] 民用航空产品和零部件的制造、试验、安装等符合经批准/认可的设计。

595. 制造符合性检查记录

[英文] Conformity inspection record

[俄文] Протокол проверки соответствия

[注释] 制造符合性检查代表或委任生产检验代表用以记录试验产品和试验装置制造符合性检查结果的表格之一。

596. 制造符合性检查请求单

[英文] Request for conformity

[俄文] Запрос на предмет соответствия

[注释] 工程审查代表或委任工程代表请求制造符合性检查代表或委任生产检验代表进行制造符合性检查、或委托制造符合性检查代表或其他工程审查代表及委任工程代表代替其进行目击验证试验所用的请求单，是制造符合性检查代表进行制造符合性检查和目击验证试验的依据文件之一（另一依据文件为型号检查核准书）。

597. 制造符合性声明

[英文] Statement of conformity

[俄文] Заявление о соответствии

[注释] 按《民用航空产品和零部件合格审定规定》第 21.33 条和第 21.53 条的要求，申请人对试验产品和试验装置进行了制造符合性检查、认为试验产品和试验装置满足制造符合性要求、在型号合格审定审查组进行制造符合性检查前提交型号合格审定审查组进行验证试验时和向型号合格审定审查组提交的书面声明。制造符合性声明是申请人用以表明并保证试验产品和试验装置符合型号资料并处于安全可用状态的文件。

598. 制造工程

[英文] Manufacturing engineering (ME)

[俄文] Технология машиностроения

[注释] 研究目标产品试制和批产过程中有关制造能力、设备、造/买决策、总装线布局等技术的学科。

599. 质量

[英文] Quality

[俄文] Качество

[注释] 一系列内在特性满足要求的程度。

600. 质量保证 (项目)

[英文] Quality assurance (QA)

[俄文] Обеспечение качества

[注释] 为确信实际产品是依据其功能、性能和设计需求生产和部署的需要而进行的独立评估。

601. 质量测量指标

[英文] Quality metrics

[俄文] Метрики качества

[注释] 对项目或产品属性及其测量方式的描述。

602. 质量成本

[英文] Cost of quality (COQ)

[俄文] Стоимость качества

[注释] 确定为保证质量而付出的成本的一种方法。预防和评估成本（一致性成本）包括为确保符合要求而进行质量规划、质量控制和质量保证的成本（如培训、质量控制体系等）。失败成本（非一致性成本）包括对不合格产品、部件或过程的返工成本，保修工作和废品的成本，以及名誉的损失。

603. 质量功能展开

[英文] Quality function deployment (QFD)

[俄文] Развертывание функций качества

[注释] 用来确定新产品开发的关键特性的一种引导式研讨会技术。

604. 质量管理和控制工具

[英文] Quality management and control tools

[俄文] Инструменты управления и контроля качества

[注释] 质量规划工具的一个类别，用来分析已识别活动的相互关联和顺序。

605. 质量管理计划

[英文] Quality management plan

[俄文] План управления качеством

[注释] 项目或项目集管理计划的组成部分，描述将如何实施组织的质量政策。

606. 质量管理计划 (项目)

[英文] Quality management plan

[俄文] План управления качеством

[注释] 项目或工程管理规划的组成部分，描述如何实施组织的质量政策。

607. 质量管理体系

[英文] Quality management system

[俄文] Система управления качеством

[注释] 为质量管理计划的实施提供政策、过程、程序和资源的组织架构。典型的项目质量管理计划应该与组织的质量管理体系相兼容。

608. 质量核对单

[英文] Quality checklists

[俄文] Контрольные списки качества

[注释] 用来核实所要求的一系列步骤是否已得到执行的结构化工具。

609. 质量控制测量结果

[英文] Quality control measurements

[俄文] Результаты измерений контроля качества

[注释] 对质量控制活动的结果的书面记录。

610. 质量审计

[英文] Quality audits

[俄文] Аудиты качества

[注释] 用来确定项目活动是否遵循了组织和项目的政策、过程与程序的一种结构化的、独立的过程。

611. 质量要求

[英文] Quality requirement

[俄文] Требование к качеству

[注释] 必须达到的条件或具备的能力，借此验证成果属性的可接受性和评估成果的质量一致性。

612. 质量政策

[英文] Quality policy

[俄文] Политика в отношении качества

[注释] 项目质量管理知识领域中的专有政策，是组织在实施质量管理体系时必须遵守的基本原则。

613. 中国民用航空规章

[英文] China civil aviation regulations (CCAR)

[俄文] Правила гражданской авиации Китая

[注释] 由国务院负责管理民用航空活动的行政机关—中国民用航空局制定、发布的涉及民用航空活动的专业性规章。中国民用航空规章具有法律效力，凡从事民用航空活动的任何单位和个人都必须遵守中国民用航空规章。

614. 重量平衡手册

[英文] Weight and balance manual (WBM)

[俄文] Руководство по центровке и загрузке

[注释] 是制造商向航空公司传递飞机重量和平衡数据、重量和平衡程序的手册，目的是供航空公司重量工程师和其他有关人员进行分析和使用。

615. 周转率

[英文] Velocity

[俄文] Скорость

[注释] 对团队生产效率的一种测量指标，团队在既定的时间间隔内生产、确认和验收可交付成果。是常用于预测未来项目工作的一种能力规划方法。

616. 主管机构 (项目)

[英文] Designated governing authority

[俄文] Назначенный руководящий орган

[注释] 在工程、项目、活动之上具有技术监督责任的管理实体。

617. 主进度计划

[英文] Master schedule

[俄文] Основной график

[注释] 标明了主要可交付成果、主要工作分解结构组件和关键进度、里程碑的概括性项目进度计划。参见"里程碑进度计划"。

618. 属性抽样

[英文] Attribute sampling

[俄文] Атрибутивная выборка

[注释] 检测质量的一种方法。先确认每个被检测的样本是否具备（或缺失）

某些特征（属性），再决定接受或拒绝样本所在批次，或者增检其他样本。

619. 专家判断

[英文] Expert judgment

[俄文] Экспертные оценки

[注释] 基于某应用领域、知识领域、学科和行业等的专业知识而做出的，关于当前活动的合理判断。这些专业知识可来自具有专业学历、知识、技能、经验或培训经历的任何小组或个人。

620. 专项合格审定计划

[英文] Project specific certification plan (PSCP)

[俄文] Специально-сертификационный план проекта

[注释] 将申请人的审定计划信息和责任审查部门的审定项目计划信息结合在一起并考虑了具体审查项目特有信息的计划。

621. 专用条件

[英文] Special condition (SC)

[俄文] Специальное условие

[注释]《民用航空产品和零部件合格审定规定》第 21.16 条规定的专用条件是针对提交进行型号合格审定的民用航空产品，由于下述原因之一使得有关的适航规章没有提供适当的或足够的安全要求，由中国民用航空局适航司制定并颁发的补充安全要求。① 民用航空产品具有新颖或独特的设计特点；② 民用航空产品的预期用途是非常规的；③ 从使用中的类似民用航空产品或具有类似设计特点的民用航空产品得到的经验表明可能产生不安全状况。专用条件应具有与适用的适航规章等效的安全水平。

622. 准确

[英文] Accuracy

[俄文] Точность

[注释] 在质量管理体系中，准确是对正确性的评估。

623. 准入条件

[英文] Entry criteria

[俄文] Вводные критерии

[注释] 每个项目进入下一寿命周期阶段或技术成熟度水平所需达到的最小成果。

624. 准则/标准

[英文] Criteria

[俄文] Критерии

[注释] 各种标准、规则或测试，可据此做出判断或决定，或者据此评价产品、服务、成果或过程。

625. 咨询通告

[英文] Advisory circular (AC)

[俄文] Консультативный циркуляр

[注释] 局方用于规章解释和符合方法指导的咨询性出版物，不属于强制性规章。

626. 资金限制平衡

[英文] Funding limit reconciliation

[俄文] Примирение лимит афонда

[注释] 把项目资金支出计划与项目资金到位承诺进行对比，从而识别资金限制与计划支出之间的差异的过程。

627. 资源

[英文] Resource

[俄文] Ресурс

[注释] 熟练人力资源（特定领域的个人或团队）、设备、服务、用品、物品、材料、预算或资金。

628. 资源池

[英文] Resource pool

[俄文] Бассейн ресурса

[注释] 一群差不多能做同样工作的人，可以被随机挑选并分配给某个项目。

629. 资源配置

[英文] Resource allocation

[俄文] Распределение ресурса

[注释] 为项目分配人力、设备、设施、原材料等。只有提供足够的资源，才能按时完成项目工作。资源配置是制定项目进度表的重要组成部分。

630. 资源平滑

[英文] Resource smoothing

[俄文] Сглаживание ресурсов

[注释] 对进度模型中的活动进行调整，从而使项目资源需求不超过预定的资源限制的一种技术。

631. 资源优化技术

[英文] Resource optimization techniques

[俄文] Методы оптимизации ресурсов

[注释] 对活动的开始日期和结束日期进行调整，把计划使用的资源数量调整为等于或小于可用的资源数量的一种技术。

632. 资源直方图

[英文] Resource histogram

[俄文] Гистограмма ресурса

[注释] 按一系列时间段显示某种资源的计划工作时间的条形图。为便于对照，可画一条横线表示资源可用时间。随着项目进展，还可画出代表资源实际工作时间的对比条形。

633. 子网络

[英文] Subnetwork

[俄文] Подсеть

[注释] 项目进度网络图的一部分（片段），通常代表一个子项目或一个工作包。常用来说明或研究潜在的或建议的进度计划条件，如优先进度逻辑的变更或项目范围的变更。

634. 子项目

[英文] Subproject

[俄文] Подпроект

[注释] 把项目分解成更便于管理的组成部分，而得到的整个项目的较小部分。

635. 自制或外购分析

[英文] Make-or-buy analysis

[俄文] Анализ произведения или закупки

[注释] 收集和整理有关产品需求的数据，对包括采购产品或内部制造产品在内的多个可选方案进行分析的过程。

636. 自制或外购决策

[英文] Make-or-buy decisions

[俄文] Решение произведения или закупки

[注释] 关于从外部采购或由内部制造某产品的决策。

637. 综合后勤保障

[英文] Integrated logistics support (ILS)

[俄文] Комплексное материально-техническое обеспечение

[注释] 在系统工程流程的集成和运行阶段中以最佳效益的方式为产品系统提供保障的活动。这些活动一般是预先完成的。

638. 总价合同

[英文] Fixed-price contracts

[俄文] Контракты с фиксированной ценой

[注释] 规定了为确定的工作范围所需支付的费用的协议，与完成工作的实际成本或人力投入无关。

639. 总价加激励费用合同

[英文] Fixed price incentive fee contract (FPIF)

[俄文] Контракт с фиксированной ценой и поощрительным вознаграждением

[注释] 总价合同的一种类型。买方向卖方支付事先确定的金额（由合同规定），如果卖方满足了既定的绩效标准，则还可挣到额外的金额。

640. 总价加经济价格调整合同

[英文] Fixed price with economic price adjustment contracts (FP-EPA)

[俄文] Контракт с фиксированной ценой и оговоркой о возможной корректировке цены

[注释] 总价合同的一种类型。合同中包含了特殊条款，允许根据条件变化

（如通货膨胀、某些特殊商品的成本增加或降低），以事先确定的方式对合同价格进行最终调整。

641. 总设计师系统

[英文] Chief designer system

[俄文] Система главного конструктора

[注释] 中国航空航天界和军工界通行的型号管理模式系统，"两总系统"中的重要组成部分。总设计师系统原则上全面负责型号的技术定义，功能开发，软硬件设计和产品交付构型。该系统最高职务为总设计师，下设若干副总设计师，主任设计师和副主任设计师。

642. 组建项目团队

[英文] Formation of project team

[俄文] Набор команды проекта

[注释] 确认人力资源的可用情况，并为开展项目活动而组建团队的过程。

643. 最悲观时间

[英文] Pessimistic time

[俄文] Пессимистическое время

[注释] 粗略地说，这是在最坏的情况下结束一项活动所需要的时间。更精确的定义应该用 PERT 语言描述。

644. 最晚结束时间

[英文] Latest finish

[俄文] Позже срок окончания работы

[注释] 在不导致项目结束日期推迟的条件下，一项活动最晚完成的时间。

645. 最晚开始时间

[英文] Latest start

[俄文] Позже срок пуска работы

[注释] 在不导致项目结束日期推迟的条件下，一项活动最晚开始的时间。

646. 最早结束时间

[英文] Earliest finish

[俄文] Самое раннее время окончания работы

[注释] 某项活动能最早结束的时间。

647. 最早开始时间

[英文] Earliest start

[俄文] Самое раннее время начала

[注释] 某项活动能最早开始的时间。

648. 座舱应急设备位置图

[英文] Cabin equipment location chart (CELC)

[俄文] Схема расположения аварийного оборудования в кабине

[注释] 提供了全机的应急设备的位置、数量和供应商等基本信息的资料图。

技术管理术语

A

1. 安全保障合作计划

[英文] Partnership for safety plan (PSP)

[俄文] Партнерство по плану обеспечения безопасности

[注释] 为确保型号合格审定过程的相互合作和高效工作，并确保航空器的安全性，由中国民用航空局或责任审定单位与型号合格证或型号设计批准书申请人签订的一份合作协议，按该计划实施，责任审定单位、责任审查部门和型号合格证或型号设计批准书申请人，将通过关注涉及民用航空器安全性的重要问题，又好又快地完成其型号合格审定。

2. 安全风险管理 (适航)

[英文] Safety risk management (airworthiness)　(SRM)

[俄文] Управление рисками безопасности (лётная годность)

[注释] 安全管理体系内的一个正式过程，由系统表述、危险源识别、风险评估、风险分析和风险控制组成。风险管理过程处于提供产品或服务的过程中，不是一个独立的或特殊的过程。

3. 安全管理系统 (适航)

[英文] Safety management system (airworthiness)　(SMS)

[俄文] Система управления безопасностью (лётная годность)

[注释] 指管理安全的系统做法，包括安全政策和目标、安全风险管理、安全保证、安全促进四个组成部分。

4. 安全目标等级

[英文] Target level of safety

[俄文] Целевой уровень безопасности

[注释] 代表在特定情况下被视为可以接受的风险等级的统称。

5. 安全寿命设计

[英文] Safe life design

[俄文] Дизайн безопасной жизни

[注释] 使承力结构在规定的寿命期内不进行检查和维修的条件下疲劳失效概率极小的设计。

6. 安全问题

[英文] Safety issue

[俄文] Проблема безопасности

[注释] 导致或可导致一个不安全结果的原因、诱因或问题。安全决策是着眼于问题/原因，而不是事件。例如，"调查一个非指令的飞行操作面移动"是一个事件，可能发现原因是自动飞行计算机里电路故障。对安全影响来说，电路故障是需要评估的安全问题/原因，并采取相应的对策。

B

7. 伴飞飞机

[英文] Chase plane

[俄文] Самолёт сопровождения

[注释] 追随试飞飞机执行外侧、观察、摄像等任务的飞机。

8. 报告绩效

[英文] Reporting performance

[俄文] Отчет результативности

[注释] 报告绩效是指收集和发布绩效信息，包括状况报告、进展测量结果及预测结果。

9. 备降

[英文] Alternate

[俄文] Запасной

[注释] 当飞机不能或不宜飞往预定着陆机场或在该机场着陆时，而降落在其他机场，就称为备降。发生备降的原因很多，主要有航路交通管制、天气状况不佳、预定着陆机场不接收、天气状况差或飞机发生故障等。

10. 备降机场

[英文] Alternate airport

[俄文] Запасной аэропорт

[注释] 当原定机场不适宜着陆时可供航空器着陆的另一机场。

11. 本场空中交通

[英文] Local air traffic

[俄文] Местное воздушное движение

[注释] 航空器在本场起落航向或塔台视界内运行；或已知航空器正在本场练习区域作离场或到场飞行；或航空器在机场实施模拟仪表进近的飞行。

12. 本场运行

[英文] Local operations

[俄文] Местные операции

[注释] 用于空中交通运行时，指航空器在本场起落航线或塔台视界内运行；已知航空器正在塔台 20 mile（32.2 km）半径内的本场练习区域作离场飞行或到场飞行；航空器在机场实施模拟仪表进近或低空通场的飞行。

13. 必须结束日期

[英文] Must finish date (MFD)

[俄文] Обязательная дата завершения

[注释] 项目/工程必须完工的时间点。

14. 必须开始日期

[英文] Must start date (MSD)

[俄文] Обязательная дата начала

[注释] 项目/工程必须启动的时间点。

15. 变更控制

[英文] Change control

[俄文] Контроль изменений

[注释] 一个过程，用来识别、记录、批准或否决对项目文件、可交付成果或基准的修改。

16. 变更控制委员会

[英文] Change control board (CCB)

[俄文] Комиссия по контролю изменений

[注释] 一个正式组成的团体，负责审议、评价、批准、推迟或否决项目变更，以及记录和传达变更处理决定。

17. 变更控制系统

[英文] Change control system

[俄文] Система контроля изменений

[注释] 一套程序，描述了如何管理和控制针对项目可交付成果和文档的修改。

18. 变更请求

[英文] Change request (CR)

[俄文] Запрос на изменение

[注释] 关于修改任何文档、可交付成果或基准的正式提议。

19. 标题页

[英文] Title page

[俄文] Титульная страница

[注释] 包含制造商的标识、手册的标识以及初始发布日期。

20. 标准件手册

[英文] Standard manual (SM)

[俄文] Стандартное руководство

[注释] 供用户在维护、修理飞机时查询标准件基本资料的工具手册。内容包括飞机上使用的标准件的外形结构、尺寸、公差、材料、热处理、表面处理等技术数据和技术要求，以及标准件的供应商信息。

21. 标准商载

[英文] Standard payload (SPL)

[俄文] Стандартная полезная нагрузка

[注释] 标准商载是标准混合级客舱布置构型旅客加行李的总重量。标准商载是标准混合级客舱布置构型旅客加行李的总重量。

22. 标准项目

[英文] Standard item (SI)

[俄文] Стандартный элемент

[注释] 标准项目是指不同布置构型的飞机中不同的设备项目和不包含在制

造空机重量的有用液体。这些项目包括但不局限于以下项目：旅客座椅、厨房结构（不含厨房插件）、盥洗室、地毯、不可用燃油、发动机滑油和应急救生设备。

23. 表明

[英文] Show

[俄文] Показ

[注释] 表明符合局方要求。

24. 补充型号合格证

[英文] Supplemental type certificate (STC)

[俄文] Дополнение к сертификату типа

[注释] 任何人对经过批准的民用航空产品型号设计进行大改并且不构成重新申请合格证时由适航当局向申请人颁发的证明其型号大改符合适用的适航标准和适航当局确定的专用条件，或具有与原型号设计等同的安全水平，在运行中没有不安全的特征或特性的证件。

25. 补充型号合格证更改

[英文] Amended type certificate

[俄文] Поправка в сертификат типа

[注释] 由补充型号合格证持有人提出并获得批准的补充型号合格证的更改。只有补充型号合格证持有人可以申请型号合格证更改。

26. 不安全状况

[英文] Unsafe condition

[俄文] Небезопасное состояние

[注释] 如果不经过修正，可预期造成一起或多起严重损害的一种状况。

27. 不符合项

[英文] Noncompliance

[俄文] Несоответствие

[注释] 指在生产批准书持有人处发现的与中国民用航空规章、局方批准或认可的资料不一致的项目。在生产批准书持有人供应商处发现的与生产批准书持有人的采购订单/采购规范要求不一致的项目，应作为该生产批准书持有人的不符合项。

28. 不可用燃油重量

[英文] Unusable fuel weight (UFW)

[俄文] Вес неиспользуемого топлива

[注释] 不可用燃油重量是飞机发动机出现不正常工作情况下，飞机油箱中剩余的不可使用的燃油量，包括可排放的和不可排放的燃油量。

C

29. 材料清单

[英文] Bill of material (BOM)

[俄文] Ведомость материалов

[注释] 详细列举产品中所含系统、子系统、组部件、零件、标准件，乃至原材料图号、产品号、标准号、工艺状态及数量的表单。

30. 侧风

[英文] Crosswind

[俄文] Боковой ветер

[注释] 风向与航空器飞行路线交叉的风。

31. 侧风分量

[英文] Crosswind component

[俄文] Боковая составляющая ветра

[注释] 与跑道纵轴或航空器飞行航迹正交的风分量。

32. 侧风跑道

[英文] Crosswind runway

[俄文] Взлетно-посадочная полоса на боковом ветере

[注释] 主跑道之外的补充跑道，用以解决主跑道不足以应付的风的作用范围。

33. 产品分解结构

[英文] Product breakdown structure (PBS)

[俄文] Иерархическая структура изделия

[注释] 对工程/项目硬件和软件产品进行的层次化分解。

34. 产品基线

[英文] Product baseline (PBL)

[俄文] Базовое изделие

[注释] 产品基线由一系列经过批准的产品构型文件组成。产品构型文件是已批准的构型项的详细设计文件，包括定义构型项设计特征所必需的规范、图样、零件清单及设计文件目录；描述确保构型项的符合性所必需的试验、验证、检查等文件和图纸；描述构型项的制造、生产、运营、保障等的文件或资料。

35. 产品结构

[英文] Product structure (PS)

[俄文] Структура изделия

[注释] 定义产品和产品组成之间关系的分层次的视图。

36. 产品库

[英文] Product library

[俄文] Библиотека изделий

[注释] 用于存储构成特定产品/产品结构的零部件及相关图档、设计类文档的存储位置。

37. 产品属性

[英文] Product attribute (s)

[俄文] Атрибут (ы) изделия

[注释] 产品的性能、功能和物理特性。

38. 场景建模

[英文] Scenario modeling (SM)

[俄文] Моделирование сценариев

[注释] 是指在功能分析过程中遵从系统工程设计原则，采用模型形式来描述、分析和检验飞机及其系统在各种飞行任务或者运行场景下的活动内容、状态特性、交互信息，并生成与之匹配的测试场景和逻辑架构的过程。

39. 超差

[英文] Waiver

[俄文] Допуск

[注释] 是指某项目在制造期间或检验接受过程中，发现某些方面不符合已批准构型文件中的要求，但不需修理或用经批准的方法进行修理后仍可使用。

40. 称重

[英文] Weighing

[俄文] Взвешивание

[注释] 飞机结构零组部件和系统设备制造完成后，需进行称重得到其实际重量，也用于制造偏离检查。

41. 成熟节点

[英文] Maturity gate (MG)

[俄文] Степень проработки секции (вход зрелости)

[注释] 项目流程管理的一种工具，亦称"门禁"（toll gate），是在研制过程中设立的技术成熟度评审节点，用以评判项目的进展是否达到进入下一阶段的成熟度。被国际商用飞机行业所普遍采用。

42. 成套技术资料

[英文] Technical data package (TDP)

[俄文] Комплект технических данных

[注释] 规定硬件和软件功能特性和物理特性的技术文件。TDP 是用于采购中对一个项目适合性的技术说明。

43. 乘客安全须知

[英文] Passenger safety guide (PSG)

[俄文] Руководство по безопасности пассажиров

[注释] 供乘客乘机时使用的有关安全准则和注意事项的说明类文件。

44. 持续适航

[英文] Continued airworthiness

[俄文] Продолжение летной годности

[注释] 直至产品生命周期结束，使产品始终保持在合格审定（或经批准的设计更改）时所确定的安全水平，适用于产品的设计、制造及运行、维修、改装和修理等过程。

45. 持续适航管理

[英文] Continuous airworthiness management

[俄文] Управлениепродолжения летной годности

[注释] 持续适航管理，是在航空器满足初始适航标准和规范、满足型号设计要求、符合型号合格审定基础，获得适航证、投入运行后，为保持它在设计制造时的基本安全标准或适航水平，为保证航空器能始终处于安全运行状态而进行的管理。

46. 持续适航文件

[英文] Instructions for continued airworthiness（ICA）

[俄文] Инструкции по поддержанию летной годности

[注释] 为保证航空器、发动机或螺旋桨的持续适航，对相关重要维修项目进行说明和规定的文件。

47. 持续性工作

[英文] Ongoing work

[俄文] Продолжающаяся работа

[注释] 持续性工作通常是遵循组织已有流程的重复性过程。

48. 冲出跑道

[英文] Overrun

[俄文] Выкатывании за пределы ВПП

[注释] 飞机在跑道上接地后而又冲出跑道端头的现象。

49. 出口国适航当局

[英文] Exporting authority

[俄文] Орган по экспорту

[注释] 指认可批准证书申请人所在国的适航当局。

50. 初步设计评审

[英文] Preliminary design review (PDR)

[俄文] Анализ предварительного проектирования

[注释] 初步设计评审是表明初步设计在可接受的风险、成本和进度约束等方面满足所有系统要求，建立了详细设计程序的基础。同时，展示已经选定的正确设计、已经确定的工作界面和已经描述的验证方法。

51. 初步总体技术方案评审

[英文] Conceptual design review

[俄文] Оценка концептуального проекта

[注释] 对经联合概念定义产生的总体技术方案的可行性和完整性进行的评估活动。

52. 初始适航管理

[英文] Initial airworthiness management

[俄文] Управление начальной летной годностью

[注释] 初始适航管理是在航空器交付使用前，局方依据各类适航标准和规范，对民用航空器的设计和制造所进行的型号合格审定和生产许可审定，以确保航空器和航空其部件的设计、制造是按照局方的规定进行的。

53. 传感器

[英文] Sensor

[俄文] Датчик

[注释] 将一种表示信息的物理量转换为另一种表示同样信息的物理量的器件，两个物理量中有一个是电量。

54. 垂直尾翼

[英文] Vertical fin

[俄文] Вертикальное оперение

[注释] 垂直尾翼是由固定的垂直安定面（Vertical stabilizer）和活动的方向舵组成，方向舵可以左、右转动，控制飞行的方向。

D

55. 大改

[英文] Major alteration

[俄文] Главное изменение

[注释] 未列入航空器、航空器发动机或螺旋桨技术规范的加改装。① 可能明显影响到航空器的重量、平衡、结构强度、性能、动力装置工作、飞行特性、或影响适航性的其他品质；② 不符合已经接受的标准工作法或不能用基本运作程序进行。

56. 大型客机

[英文] Large airliner

[俄文] Большой пассажирский самолет

[注释] 商用飞机的一种，尚未有严格定义。通常可指载客量超过 100 人，航程超过 3000 公里，主要用以执行固定干线航程旅客运输的使用喷气式航空发动机的商用飞机。

57. 大型试验

[英文] Large scale test

[俄文] Крупномасштабное испытание

[注释] 商用飞机研制过程中，技术难度大、试验风险高、试验周期长、涉及面广、协调关系多、耗资大的全机级和系统级试验项目。

58. 大修

[英文] Major repair

[俄文] Капитальный ремонт

[注释] 这种修理：① 若操作不当，可能显著地影响重量、平衡、结构强度、性能、动力装置工作、飞行特性或影响适航性的其他品质；或② 它不是按常规作法进行的，或用基本操作无法进行的。

59. 单机构型

[英文] Single ship configuration

[俄文] Конфигурация отдельного судна

[注释] 又称"单机设计构型"，是特定架次飞机在其整个生命周期内的各个时间点上（理论）设计状态的定义和表达。

60. 单机零件清册

[英文] Single ship part list (SSPL)

[俄文] Список деталей отдельных судов

[注释] 定义飞机的构型配置文件之一，属于一种汇总性文件，是组成每架飞机所需的全部零部件（含标准件）的汇总清册。

61. 单型号补充型号合格证

[英文] One-only STC

[俄文] Единичное дополнение к Сертификату типа

[注释] 一个补充型号合格证只适用一个序列号航空器、发动机、螺旋桨或设备。

62. 担保重量

[英文] Guaranteed weight

[俄文] Гарантируемый вес

[注释] 担保重量指在合同的容差和调整范围内，承制方明确定义和保证的重量。

63. 登记国 (航空器用)

[英文] State of registry (for aircraft)

[俄文] Государство регистрации (для воздушных судов)

[注释] 航空器登记注册的国家。

64. 等级

[英文] Class

[俄文] Класс

[注释] ① 用于航空人员的颁证、定级、权利和限制时，指具有相似运行特性的一类航空器中的航空器等级。举例包括：单发、多发、陆上、水上、自转旋翼航空器、直升机、飞艇和自由气球；② 用于航空器的合格审定时，指具有相似的推进、飞行或着陆特性的航空器宽泛分类。举例包括：飞机、旋翼航空器、滑翔机、气球、陆上飞机和水上飞机。

65. 等效安全

[英文] Equivalent level of safety (ELOS)

[俄文] Эквивалентный уровень безопасности

[注释] 虽不能表明符合条款的字面要求，但存在补偿措施并可达到等效的安全水平。

66. 地板限制载荷

[英文] Floor loading limit

[俄文] Предел загрузки пола

[注释] 地板受到自身及支撑件的强度限制所允许的最大承载载荷。

67. 地面工作

[英文] Ground work

[俄文] Наземная работа

[注释] 地面工作是飞行实施前至关重要的环节。进行全机的状态检查，完成飞行的前置准备工作。

68. 地面能见度

[英文] Ground visibility

[俄文] Видимость у земли

[注释] 由国家气象局或委任的专业气象观察员报道的接近地面的有效水平的能见度。

69. 地面设备手册

[英文] Ground equipment manual (GEM)

[俄文] Руководство по наземному оборудованию

包括地面设备的说明、使用、故障分析、日常保养和储存的手册。

70. 地面数据分析系统

[英文] Ground data analysis system (GDAS)

[俄文] Наземная система анализа данных

[注释] 地面接收机载设备发送的遥测信号，并实现数据的监控和分析的数据系统。

71. 地面支援设备

[英文] Ground support equipment (GSE)

[俄文] Средства наземного обслуживания

[注释] 地面支援设备是指在地面为飞机结构、系统、分系统和机载设备或成品在预期的环境下使用而需要的所有工具与设备，如飞机结构、系统、机载设备的使用、维修、返修、防护、运输等所需的所有设备。

72. 地面支援设备清单

[英文] Ground support equipment list

[俄文] Перечень средств наземного обслуживания

[注释] 飞机使用、维修所需的地面支援设备的名称、型（件）号、功用、推荐数量、使用时机及采购等信息的一览表。

73. 地区维修培训机构

[英文] Regional maintenance personnel training organization

[俄文] Региональная организация по подготовке обслуживающего персонала

[注释] 培训设施在香港特别行政区、澳门特别行政区及台湾地区的民用航空器维修培训机构。

74. 地速

[英文] Ground speed

[俄文] Путевая скорость

[注释] 航空器相对于地面的速度。

75. 第 1 级大改

[英文] Level 1 major changes

[俄文] Главные изменения 1 уровня

[注释] 影响审定基础的设计更改或者需要对已批准的手册或者依据证后管理指导原则的其他特殊标准进行修改。

76. 第 2 级大改

[英文] Level 2 major changes

[俄文] Главные изменения 2 уровня

[注释] 除第 1 级大改之外的型号设计更改。

77. 电子飞行包

[英文] Electronic flight bag (EFB)

[俄文] Электронный планшет пилота

[注释] 用于驾驶舱或客舱使用的电子显示系统，EFB 设备显示多种航空数据或执行基本的计算（如性能数据、燃油计算），这些功能通过传统的纸质文件或基于通过航线飞行派遣功能提供给飞行机组的数据完成。EFB 系统功能范围可以包括其他驻留数据库和应用，EFB 物理显示可以使用多种技术、格式和通信形式，这些设备有时泛指辅助性能计算机（APC）或轻便电脑辅助性能计算机（LAPC）。

78. 电子系统

[英文] Electronic system

[俄文] Электронная система

[注释] 通常是指有若干相互连接、相互作用的基本电路组成的具有特定功能的电路整体。

79. 顶层飞机需求

[英文] Top level aircraft requirements (TLAR)

[俄文] Требования к воздушному судну высшего уровня

[注释] 直接从市场需求分解来的，适用于飞机顶层设计的需求的组合。

80. 顶层飞机需求文件

[英文] Top level aircraft requirements document (TLARD)

[俄文] Документ требований к воздушному судну высшего уровня 记录

[注释] 飞机顶层设计需求的正式文件，其变更应受控。

81. 顶层系统需求文件

[英文] Top level system requirements document (TLSRD)

[俄文] Документ требований к системам высшего уровня

[注释] 记录直接分解自顶层飞机需求文件的飞机系统设计需求的正式文件，其变更应受控。

82. 顶层质量需求文件

[英文] Top level quality requirements document (TLQRD)

[俄文] Документ требований к качеству высшего уровня

[注释] 记录飞机项目研制过程中，顶层质量需求的正式文件，其变更应受控。

83. 定级

[英文] Rating

[俄文] Разряд

[注释] 合格证的一部分，用于规定特别条件、权力或限制。

84. 定期检修

[英文] Scheduled maintenance

[俄文] Плановое обслуживание

[注释] 指根据适航性资料，在航空器或者航空器部件使用达到一定时限时进行的检查和修理。定期检修适用于机体和动力装置项目，不包括翻修。

85. 动力装置总成手册

[英文] Power plant buildup manual (PPBM)

[俄文] Руководство по винтомоторной установке

[注释] 包含把指定型号的发动机的裸机改装成可安装在飞机上的可拆卸的发动机的具体操作程序、专用设备和工具、消耗性材料清单和标准实施参考表

的技术资料。

86. 动态校准

[英文] Dynamic calibration

[俄文] Динамическая калибровка

[注释] 在规定条件下，用一定的实验方法，对传感器输入不随时间变化（或变化很小）的物理量，通过适当的数据处理方法、确定传感器的输入-输出特性和精度的过程。

87. 多边适航协议

[英文] Multilateral airworthiness agreement (MAA)

[俄文] Многостороннее соглашение о летной годности

[注释] 由多国政府代表签署并通过互换外交照会生效的技术性执行协定或协议。

88. 多型号补充型号合格证

[英文] Multiple STC

[俄文] Множественные дополнения к сертификату типа

[注释] 一个补充型号合格证适用于多个序列号航空器、发动机、螺旋桨或设备。

F

89. 发动机

[英文] Engine

[俄文] Двигатель

[注释] 航空发动机 (aero-engine) 为航空器提供飞行所需动力的发动机。主要有三种类型：活塞式航空发动机，燃气涡轮发动机，冲压发动机。

90. 发动机手册

[英文] Engine manual (EM)

[俄文] Руководство по двигателю

[注释] 提供了从飞机上拆下的发动机及其零件的有关维修程序和技术资料。发动机图解零件目录 engine illustrated parts catalog（EIPC）。标识和索取发动机上可更换的零件和单元体的技术资料。

91. 发动机型别

[英文] Engine model

[俄文] Модель двигателя

[注释] 指具有相同的总序号、排气量和设计特性，并由同一型号合格证批准的所有航空涡轮发动机。

92. 发送函

[英文] Transmittal letter

[俄文] Сопроводительное письмо

[注释] 发送函用以告知手册的持有者关于本次更改涉及的手册页码（包括更改页、增加页和删除页）以及对更改单的处理方法等。发送函还应包含更改摘要页，用以示出按顺序排列的所有受影响的页和每项更改内容。

93. 翻修

[英文] Overhaul

[俄文] Капитальный ремонт

[注释] 指根据适航性资料，通过对航空器或者航空器部件进行分解、清洗、检查、必要的修理或者换件、重新组装和测试来恢复航空器或者航空器部件的使用寿命或者适航性状态。

94. 范围蔓延

[英文] Scope creep

[俄文] Расползание границ проекта

[注释] 由于未对时间、成本和资源做相应调整，而导致不受控的产品或项目范围扩大的现象。

95. 范围缩减

[英文] De-scope

[俄文] Уменьшение диапазона

[注释] 减少项目范围内容的行为。

96. 方向舵

[英文] Rubber

[俄文] Руль направления

[注释] 方向舵是垂直尾翼中可操纵的翼面部分，其作用是对飞机进行偏航操纵，用来修正飞机航向和小角度转向。

97. 防冰系统

[英文] Anti-icing system

[俄文] Противообледенительная система

[注释] 航空器在结冰气象条件下飞行时，防止部件表面上结冰的技术设施。

98. 防火系统

[英文] Fire protection system

[俄文] Противпожарная система

[注释] 关于一种防火门、尤其是一种滑动门，它可有选择地打开或关闭，并具有用来使上述防火门从打开位置移动到关闭位置的动作装置。

99. 放飞程序

[英文] Flight clearance procedure

[俄文] Процедура запуска на полет

[注释] 放飞程序是从飞行申请到放飞批准执行程序，为保障飞机试飞各阶段的飞行安全和试飞效率，飞行前需保证飞机状态明确、技术文件完备、相关评审和检查工作落实到位并履行相应的放飞批准手续。

100. 放飞偏离指南

[英文] Dispatch deviation guide (DDG)

[俄文] Руководство по вылетам с отклонениями

为航空器使用人或者运营人提供在航空器设备、功能和外形偏离设计状态下放飞航空器的指导、具体操作和维修程序。

101. 放行人员

[英文] Certifying staff

[俄文] Сертифицирующий персонал

[注释] 维修单位中确定航空器或者航空器部件满足经批准的标准，并签署批准放行的人员。

102. 飞机

[英文] Aircraft

[俄文] Самолёт

[注释] 飞机是指具有一具或多具发动机的动力装置产生前进的推力或拉力，由机身的固定机翼产生升力，在大气层内飞行的重于空气的航空器。

103. 飞机飞行手册

[英文] Aircraft flight manual (AFM)

[俄文] Руководство по лётной эксплуатации воздушного судна

[注释] 为飞行机组提供了在所有预计飞行过程中安全有效地操纵航空器所必需的使用限制、程序、性能和系统资料操作类手册。

104. 飞机环控系统

[英文] Aircraft environment control system

[俄文] Система управление окружющей среды самолёта

[注释] 飞机环境控制系统，即保证飞机座舱和设备舱内具有乘员和设备正常工作所需适当环境条件的整套装置。

105. 飞机级需求

[英文] Aircraft level requirements (ALR)

[俄文] Требования к уровню воздушных судов

[注释] 飞机顶层团队的设计输出，明确定义对各系统的功能性和非功能性需求，主要内容包括飞机设计约束、运营、驾驶舱、客舱、货舱、适航、各系统的功能、性能、重量、容差、安全性、可靠性和维修性需求。

106. 飞机架次号

[英文] Aircraft serial number (ASN)

[俄文] Серийный номер воздушного судна

[注释] 同一型号每架飞机都应有其唯一的标识，该标识号即飞机架次号，当存在不同构型时，为了表明这些飞机的具体架次及图样/文件的适用性可采用架次号表达。

107. 飞机结构强度设计

[英文] Aircraft structural strength design

[俄文] Конструирование самолёта по прочности

[注释] 民用飞机结构强度设计是保证飞机结构即满足适航标准又满足经济性和舒适性要求的工程实践过程。民用飞机强度设计工作可以概括为强度计算和强度评估两大部分。前者是对象自身行为规律的研究，后者是将结构的行为与特定的判据如失效理论、标准、规范和实验数据等进行对比，从而给出结构是否满足强度要求的结论。

108. 飞机抢救手册

[英文] Aircraft recovery manual (ARM)

[俄文] Руководство по аварийно-восстановительным работам на воздушном судне

[注释] 是飞机制造商说明飞机恢复工作的一种载体，内容包含将飞机从非正常状态顶起、支撑和恢复所必需的设备、工具要求和程序。

109. 飞机图解零件目录

[英文] Aircraft illustrated parts catalog (AIPC)

[俄文] Иллюстрированный каталог деталей воздушного судна

[注释] 包含所有航线可更换件，为飞机维修技术人员实施维修工作提供指导。

110. 飞机维修任务定向支援系统

[英文] Aircraft maintenance task oriented support system (AMTOSS)

[俄文] Проблемно-ориентированная вспомогательная система технического обслуживания воздушных судов

[注释] 即在维修手册中加上可自动识别的标记，便于自动化数据的检索，其作用是改进飞机维修手册（AMM）的组织结构。

111. 飞机维修手册

[英文] Aircraft maintenance manual (AMM)

[俄文] Руководство по технической эксплуатацииAMM

[注释] 用于帮助航空公司的维修和勤务人员熟悉飞机的结构和系统，并了解飞机的功能、组成、工作原理，使航空公司的维修和勤务人员在飞机保养或者遇到故障需要维修的情况下，能够安全、可靠、有效地对飞机进行维护工作。

112. 飞机有效性目录

[英文] List of effective

[俄文] Перечень эффективности

[注释] 此目录内容说明其包含的内容对一组飞机或一系列飞机适用，内容一般包含机型/制造商系列号、用户识别代码和有效性代码、制造商序列号、流水线号和飞机注册号等信息。

113. 飞机总体设计

[英文] Aircraft conceptual design

[俄文] Концептуальный дизайн самолета

[注释] 飞机设计是指设计人员应用气动、结构、动力、材料、工艺等学科知识，通过分析、综合和创造思维将设计要求转化为一组能完整描述飞机的参数的过程。

114. 飞行安全文件系统

[英文] Flight safety documents system

[俄文] Система документации по безопасности полетов

[注释] 是由合格证持有人制订，用于规定或指导合格证持有人飞行和地面运行人员日常安全运行所必需的相关资料。

115. 飞行安全性

[英文] Flight safety

[俄文] Безопасность полетов

[注释] 表示飞机不发生灾难性事故的可能性，用最大容许故障概率来衡量。

116. 飞行包线

[英文] Flight envelope

[俄文] Полётная огибающая

[注释] 以飞行速度或马赫数、高度和过载等飞行参数为坐标，以不同飞行限制条件如最大速度、最小速度、最大过载、升限、最大速压等为边界所画出的封闭几何图形。

117. 飞行包线保护

[英文] Flight envelope protection

[俄文] Защита полётной огибающий

[注释] 又称飞行极限边界。一般是指飞机在飞行过程中速度、高度不能越过的界限，是飞机飞行范围和飞行限制条件的表现形式。主要包括定常水平直线飞行包线、机动飞行包线等。飞机包线与飞机的动力特性、气动力特性、使

用特性、以及结构特性密切相关。飞行包线保护包括过载保护、俯仰姿态保护、大迎角保护、失速保护、超速保护和坡度保护等。

118. 飞行标准委员会

[英文] Flight standard board (FSB)

[俄文] Комитет по летной стандартизации

[注释] 由飞行标准司为型号合格审定项目负责组建的机构，主要负责为提出型号定级申请的新的或改型航空器确定定级要求、制订用于相关机组考核鉴定的最低限度培训要求，在合格审定期间飞行标准委员会要检查确认航空器及其系统运行的适当性、飞行机组培训设施要求、驾驶员的型号定级要求、任何特定的或专门的培训要求、和折叠式座椅、机组休息室和睡眠隔间的适当性。飞行标准委员会还要检查确认应急撤离的能力、飞行标准问题纪要的关闭情况以及完成其他相关的工作。

119. 飞行参数记录器

[英文] Flight data recorder (FDR)

[俄文] Регистратор данных полета

[注释] 适用于记录航空器飞行中性能或飞行中遭遇情况的任何仪器或装置的通用术语。飞行记录器可以记录给定飞行的空速、外界大气温度、垂直加速度、发动机转速、管道压力或任何其他有关参数。

120. 飞行测试设备

[英文] Flight test installation

[俄文] Установка летных испытаний

[注释] 用于飞行试验测试的设备、仪器及相关处理设施和手段。

121. 飞行高度

[英文] Flight altitude

[俄文] Высота полёта

[注释] 飞行中的航空器到某基准水平面的垂直距离。

122. 飞行故障

[英文] Flight fault；failure

[俄文] Отказ в полёте

[注释] 飞行过程中出现飞机不能执行规定功能的状态。

123. 飞行后限

[英文] Aft limit for flight

[俄文] Предельнозаднее положение для полета

[注释] 飞机在飞行阶段要求不超过某一后重心位置，这一重心就是飞机的飞行前限。

124. 飞行机组操作手册

[英文] Flight crew operating manual (FCOM)

[俄文] Руководство по лётной эксплуатации (РЛЭ)

[注释] 包括飞行机组操作飞机所需的信息，所有的辅助操作程序和详细的正常操作程序，飞机各系统及相关控制和指示的说明以及飞机性能数据的技术资料。

125. 飞行机组成员

[英文] Flight crew

[俄文] Лётный экипаж

[注释] 执行飞行任务的驾驶员、随机工程师和领航员。

126. 飞行计划

[英文] Flight plan (FP)

[俄文] План полёта

[注释] 口头或书面呈给空中交通管理部门的有关航空器预定飞行的规定资料。

127. 飞行记录器

[英文] Flight recorder

[俄文] Чёрный ящик в кабине летательного аппарата

[注释] 俗称黑匣子，是安装在航空器上，用于航空器事故的调查或维修和飞行试验。

128. 飞行检查

[英文] Flight inspections

[俄文] Лётные проверки

[注释] 对空中导航设施进行飞行中调查和评估，以确认或验证其符合规定的容差。

129. 飞行阶段

[英文] Flight phase

[俄文] Этап полёта

[注释] 根据飞机执行飞行任务中所要求的机动程度的不同而划分的各个阶段。如起飞、爬升、巡航、进场、着陆阶段等。

130. 飞行控制

[英文] Flight control

[俄文] Управление полетом

[注释] 通过某种手段，使用一定的机构、设备，从而实现对飞机飞行运动控制。

131. 飞行控制系统

[英文] Flight control system

[俄文] Система управления самолётом

[注释] 简称"飞控系统"。以航空器为被控对象的控制系统。分人工飞行控制（操纵）与自动飞行控制系统，主要是稳定和控制航空器的姿态和航迹运动。

132. 飞行模拟器

[英文] Flight simulator

[俄文] Симулятор полета

[注释] 一种由计算机实时控制、多系统协调工作、能复现空中飞行环境，并能操作的模拟设备。通常有两类，一类称为训练用飞行模拟器，能对飞机的飞行性能和操纵品质进行较精确的动态模拟，用于训练飞行人员驾驶飞机和进行特殊情况处置；另一类称为工程研究用飞行模拟器，它是工程技术人员进行飞机设计及发展研究的一种试验设备。

133. 飞行能见度

[英文] Flight visibility

[俄文] Видимость в полёте

[注释] 在飞行中的航空器的驾驶舱内可以看见并分辨不发光的显著物体（白天）和可以看见并分辨发光的显著物体（夜间）的平均向前水平距离。

134. 飞行品质

[英文] Flying qualities

[俄文] Летные качества

[注释] 又称操稳品质。飞机在执行规定任务时，驾驶员认为影响完成任务难易程度的一些飞机特性。

135. 飞行品质等级

[英文] Level of flying qualities

[俄文] Уровень летных качеств

[注释] 又称飞行品质标准。根据飞机完成飞行任务的优劣程度不同而规定的等级。

136. 飞行剖面

[英文] Flight profile

[英文] Профиль полета

[注释] 又称任务剖面。飞机执行一次飞行任务整个过程的飞机航迹图及其典型的各种特征量（如飞行速度、飞行重量、燃油量和余油量等）的描述。

137. 飞行器系统/组件联合编码

[英文] Joint aircraft system/component code (JASC)

[俄文] Единые нормы систем/элементов воздушных судов

1999 年之后，美国联邦航空署（FAA）在原美国航空运输协会 ATA Spec100 的基础上，改进并推出的飞行器部段分类标准。

138. 飞行前限

[英文] Forward limit for flight

[俄文] Предельно допустимое переднее положение для полетов

[注释] 飞机在飞行阶段要求不超过某一前重心位置，这一重心就是飞机的飞行前限。

139. 飞行时间

[英文] Flight time ; flying time

[俄文] Время полета

[注释] 又称空中时间。即从收起落架起到放起落架止的这段时间。注：美国联邦航空条例（FAR1.1）把飞行时间定义为轮挡时间；而欧洲联合航空要求（JAR1.1）把飞行时间定义为空中时间。因此，当采用"飞行时间"这一术语时，或者引用飞行时间数值时，应说明所用的定义。

140. 飞行实施

[英文] Flight execution

[俄文] Выполнение полёта

[注释] 飞行实施是飞行任务执行的过程，其阶段大致可分为飞行预先准备、飞行直接准备、飞行任务执行、飞行后回顾四个主要步骤。

141. 飞行试验

[英文] Flight test

[俄文] Летное испытание

[注释] 简称试飞。通过飞机在真实环境下的进行科学研究和产品试验的过程，获取和收集试验数据，然后进行分析以评估飞机的飞行特性，并验证其设计的活动。商用飞机的飞行试验包括首飞、研制试飞和验证试飞三部分内容，根据试飞实施方案和符合性验证计划中的试飞项目，完成型号的首飞、研制试飞、验证试飞，并配合完成局方试飞。

142. 飞行试验机

[英文] Prototype used for flight test

[俄文] Прототип，используемый для летных испытаний

[注释] 在飞机研制阶段，提交给试飞单位进行飞行试验的飞机。

143. 飞行试验机构型

[英文] Prototype configuration

[俄文] Конфигурация прототипа

[注释] 根据试飞任务分工，用工程文件规定的满足试飞要求的飞机构型。

144. 飞行手册

[英文] Flight manual

[俄文] Руководство по летной эксплуатации

[注释] 飞行手册是关于飞机飞行限制、正常和应急飞行程序，飞机使用、运行和旅客安全的资料总成，供飞行机组使用。

145. 飞行速度

[英文] Flight speed

[俄文] Скорость полета

[注释] 飞机在单位时间内所飞经的距离。

146. 飞行性能

[英文] Flight performance

[俄文] Летно-технические характеристики

[注释] 又称飞机性能。飞机的基本的运动的特性和能力的表征，飞行性能主要涉及飞机质心的运动，属于一般力学的质点动力学研究范畴。

147. 飞行运行评审委员会

[英文] Flight operation evaluation board (FOEB)

[俄文] Комиссия по оценке летной эксплуатации

[注释] 制定、修订主最低设备清单和运行符合性清单，负责型号审定过程中其他相关运行评定和持续适航文件的评定的组织机构。

148. 飞行准备 (状态) 评审

[英文] Flight readiness review (FRR)

[俄文] Проверка готовности к полёту

[注释] 飞行准备评审用以确定系统的准备状态，检查相关试验、演示、分析以及审核结果的准确性，确保系统能够达到执行安全和成功的飞行任务所需的要求。该评审同时保证所有与飞行和地面相关的软硬件、人员和程序均准备就绪。

149. 分解

[英文] Decomposition

[俄文] Членение

[注释] 把项目范围和项目可交付成果逐步划分为更小、更便于管理的组成部分的技术。

150. 分配基线

[英文] Allocated baseline (ABL)

[俄文] Принятая база

[注释] 分配基线由一系列经过批准的分配构型文件组成。分配构型文件描述从系统或更高层构型项分配来的子构型项的功能、性能、互操作性和接口要求的文件；与其他接口构型项的接口要求文件；以及证明达到这些要求的验证文件。

151. 风级

[英文] Wind force scale

[俄文] Шкала силы ветра

[注释] 风速的数值等级。表示风力的一种方法，通常采用蒲福风级。

152. 风力

[英文] Wind force

[俄文] Сила ветра

[注释] 风作用在物体上的力。常用风级来表示。

153. 风速

[英文] Wind speed

[俄文] Скорость ветра

[注释] 空气水平运动的速度。顺风为负，逆风为正。

154. 风向

[英文] Wind direction

[俄文] Направление ветра

[注释] 风的来向。地面风向通常用 16~32 个方位或 0~360° 来表示。

155. 服务通告

[英文] Service bulletin (SB)

[俄文] Сервисный бюллетень

[注释] 航空产品设计、制造厂商根据自身和用户信息，用于对在役的航空器改进其可靠性或使用的安全性的一系列文件，服务通告是对用户的一种技术服务措施和对自身生产技术改进的要求，是对航空产品实施检查、重复检查、改装或使用寿命更改等方面的技术要求。

156. 服务文件

[英文] Service documents

[俄文] Служебные документы

[注释] 由型号合格证持有人，设备或部件制造人提供的出版物，用于说明安全，产品改进，经济性和运行性和/或维修实施程序等信息。

157. 浮动时间

[英文] Float

[俄文] Поплавок

[注释] 进度计划内的额外时间。

158. 符合方法

[英文] Means of compliance (MOC)

[俄文] Методы оценки соответствия

[注释] 申请人向局方表明其型号设计符合适用适航要求所采用的方法。

159. 符合性检查清单

[英文] Compliance check list (CCL)

[俄文] Список проверки соответствия

[注释] 按审定基础确定的规章条款逐条列出表明条款符合性的符合性方法、相关型号资料及其批准情况的汇总性文件，用于记录和检查型号合格审定项目的完成情况。

160. 符合性替代方法

[英文] Alternative methods of compliance (AMOC)

[俄文] Альтернативные методы оценки соответствия

[注释] 符合性替代方法的目标是允许营运人或制造商提出替代适航指令中规定的纠正措施，这种措施并不一定要和适航指令中发布的相一致，但其能满足适航指令中所要求的安全性水平。

161. 符合性验证资料

[英文] Compliance data

[俄文] Данные удостверения соответствии

[注释] 符合性验证资料。

162. 辐射性及有害元件清单

[英文] List of radioactive&hazardous elements (LRHE)

[俄文] Список радиоактивных и опасных элементов

[注释] 为操作和维修人员提供了材料在使用、飞机维修及设备维护过程中可能遇到的危险的相关信息。

163. 辅助动力装置

[英文] Auxiliary power units (APU)

[俄文] Вспомогательная силовая установка

[注释] 在大、中型飞机上和大型直升机上，为了减少对地面（机场）供电设备的依赖，都装有独立的小型动力装置，成为辅助动力装置。

164. 复飞

[英文] Go around (GA)

[俄文] Ухода на второй круг

[注释] 飞机终止着陆程序重新拉起转入爬升的过程。

165. 复合材料结构

[英文] Composite structure

[俄文] Конструкция из композиционных материалов

[注释] 由两种或两种以上不同材料经过适当的工艺方法形成的多相材料所制成的结构。

166. 副翼

[英文] Aileron

[俄文] Элерон

[注释] 安装在机翼翼尖后缘外侧或翼根后缘内侧，它可以上下偏转，用来操纵飞机的侧倾。

167. 改出

[英文] Recovery

[俄文] Восстановление

[注释] 从失控状态到可控飞行的过渡阶段。通常认为是从驾驶员实施改出操作直到迎角已低于失速迎角或限制迎角，且没有明显的、非指令的剩余角运动那一点之间的操作阶段。

G

168. 改出滚转

[英文] Roll recovery

[俄文] Восстановление по крену

[注释] 在尾旋、过失速旋转或过偏离旋转改出阶段可能出现的一种非指令性滚转运动。

169. 改装

[英文] Modification

[俄文] Модификация

[注释] 测试设备在飞机上的安装和对飞机结构、测试对象进行的局部更改。

170. 改装实施方案

[英文] Modification implement schedule

[俄文] Расписание внедрения модификаций

[注释] 根据改装技术要求设计的、用于具体改装实施的方案文件。

171. 概括性活动

[英文] Summary activity

[俄文] Итоговая деятельность

[注释] 作为单个活动来展示的，一组相关的进度活动的集合。

172. 干跑道

[英文] Dry runway

[俄文] Сухая взлётно-посадочная полоса

[注释] 干跑道是非湿跑道又非污染跑道的跑道，以及有专门的沟槽或透水孔的道面并且在潮湿（水汽）时也能产生"干跑道"刹车效果的跑道（波音称这种开槽的或有透水孔的跑道为 skid-resistent-runway）。

173. 干系人期望

[英文] Stakeholder expectations

[俄文] Ожидания заинтересованных сторон

[注释] 期望是未被用需求形式（shall）表达的关于需要（needs）、愿望、能力和要求的阐述。一旦来自相关干系人的期望被搜集、分析并转换为需求阐述形式后，该期望正式成为需求。期望可以是定性的（不可度量的）或者定量的（可度量的）。期望可以通过产品及其工程研制流程的功能、行为或约束的形式进行阐述。

174. 干系人期望定义流程

[英文] Stakeholder expectations definition process

[俄文] Процесс определения ожиданий заинтересованных сторон

[注释] 系统工程引擎的最初步骤，用于建立系统设计和产品实现的基础。

这个流程的主要目的是通过描述使用情境、设计参考任务和产品使用构想来辨识干系人，以及他们打算如何使用该产品。

175. 干线客机

[英文] Trunk liner

[俄文] Магистральный самолёт

[注释] 商用飞机的一种，通常可指载客量超过 100 人，航程大于 3 000 km，执行国际之间或国内主要大城市之间固定航线旅客运输的商用飞机。

176. 甘特图

[英文] Gantt chart

[俄文] График Гантта

[注释] 常用的展示工程/项目进度信息的条形图。纵向列示活动，横向列示日期，用横条表示活动自开始日期至结束日期的持续时间。

177. 赶工

[英文] Crashing

[俄文] Спешить работать

增加资源，以最小的成本增加来压缩进度工期的一种技术。

178. 更改单记录

[英文] Revision records

[俄文] Записи изменений

[注释] 更改单记录由用户填写，用于记录与手册更改有关的信息，例如：更改单号、出版日期、插入日期和签名。更改单记录供用户按顺序记录和查阅更改单。

179. 更改清单

[英文] Change list (CL)

[俄文] Список изменений

[注释] 用于记录更改前后，构型数据状态（包含件号、版本、数量、有效性）的变化。

180. 更改审核清单

[英文] Change auditing list (CAL)

[俄文] Список ревизии изменений

[注释] 特定时间段内某架次飞机产品结构的变化过程。

181. 更改摘要

[英文] Highlights

[俄文] Краткое описание изменений

[注释] 列出了自前次修订后文件的所有更改。包括对当前更改或修订的说明。

182. 工程发展阶段

[英文] Engineering development phase

[俄文] Этап инженерной разработки

[注释] 商用飞机研制流程中的一个阶段。前接预发展阶段，后接批生产和产业化阶段。

183. 工程更改建议

[英文] Engineering change proposal (ECP)

[俄文] Предложение по инженерному изменению

[注释] 工程更改建议是一份文件，用于描述、论证一项建议的工程更改，并将其提交至当前文件更改权威机构以确定是否批准该更改；以及产品采购方确定是否批准将该设计更改贯彻到将要交付的产品中或翻修已交付的产品。

184. 工程更改请求

[英文] Engineering change request (ECR)

[俄文] Запрос технических изменений

[注释] 是用于定义和记录更改申请程序的文件，包括问题的收集，问题的协调、讨论，更改必要性的确定等。

185. 工程更改通知

[英文] Engineering change notice

[俄文] Уведомление о технических изменениях

[注释] 更改批准后，将更改批准的结果或数据发送给相关的人员或部门的一种方法。

186. 工程物料清单

[英文] Engineering bill of material (EBOM)

[俄文] Перечень технических материалов

[注释] 根据工程图样及相关设计文件编制的工程数据集，记录工程零件和

装配件的属性信息及其结构关系，反映工程对产品物料的需求信息。

187. 工程中队

[英文] Engineering squadron

[俄文] Инженерный эскадрон

[注释] 工程中队是商用飞机型号设计方派驻外地试飞现场（外场）的派出组织，其主要专业需配套齐全、技术体系完整，代表型号设计方对外场试飞的飞机提供技术支持和技术保障。

188. 工具和设备手册

[英文] Tool and equipment manual (TEM)

[俄文] Руководство по инструментам и оборудованию

[注释] 包括各个系统制造商和发动机制造商及飞机制造商所推荐的用于各个系统、发动机、组件和附件及飞机结构的保养和修理的所有专用工具和设备的手册。

189. 工艺和材料规范

[英文] Process and material specification (PMS)

[俄文] Спецификация процессов и материалов

[注释] 包含制造和维修飞机零部件所采用的工艺规范和材料规范的手册，供飞机用户在维修飞机时指导技术人员采用正确的工艺方法和选择适用的材料，以及查阅相关信息。

190. 工作包

[英文] Work package (WP)

[俄文] Перечень работ

[注释] 工作分解结构最底层的工作，针对这些工作开展成本和持续时间的估算和管理。

191. 工作分解结构模型

[英文] WBS model

[俄文] Модель структуры разбивки работ

[注释] 系统描述模型，包括目标产品及其（完成系统运行功能的）子系统、保障和辅助产品，以及系统开发中需要的各种其他工作产品（规划、控制基线等）。

192. 工作绩效报告

[英文] Work performance report

[俄文] Отчет результативности

[注释] 为制定决策、采取行动或引起关注，而汇编的工作绩效信息所形成的实物或电子项目文件。

193. 工作流程图

[英文] Workflow diagram

[俄文] Диаграмма рабочего процесса

[注释] 表明活动、活动的关系和里程碑的进度示意图。

194. 公共源数据库

[英文] Common source database (CSDB)

[俄文] Общая база исходных данных

[注释] 在技术出版物编制过程中，CSDB 被用来作为信息存储的仓库和实施信息管理的工具。

195. 功能

[英文] Function (FC)

[俄文] Функция

[注释] 指与具体实施过程无关，而以一系列规定要求为依据的对产品预期的行为。

196. 功能分解

[英文] Functional decomposition (FD)

[俄文] Декомпозиция функции

[注释] 在设计方案定义和功能逻辑分解下获得的分系统功能。通过考察系统功能来辨识为实现系统功能及功能之间的关系和接口所需的分系统功能。

197. 功能分析

[英文] Functional analysis (FA)

[俄文] Функциональный анализ

[注释] 辨识、描述和关联系统为达到其目的和目标必须实现的功能的过程。

198. 功能构型审核

[英文] Functional configuration audit (FCA)

[俄文] Проверка функциональной конфигурации

[注释] 对构型项或系统的功能特性进行正式的检查，以验证项目达到其功能和/或分配构型文件中规定的要求。

199. 功能基线

[英文] Functional baseline (FBL)

[俄文] Функциональная базовая линия

[注释] 功能基线由一系列经过批准的功能构型文件组成。功能构型文件描述飞机功能、性能、物理特性和外部接口要求及证明达到这些规定要求所需验证的文件。

200. 功能检查

[英文] Functional check

[俄文] Проверка Функции

[注释] 为确定产品是否能在规定的限度内实现某一种或若干功能而进行的定量检查。

201. 功能需求

[英文] Functional requirements (FR)

[俄文] Функциональные требования

[注释] 必须完成的必要的任务、行动或者活动。换言之，功能性需求定义必须完成或者必须能够做的事情。功能将可在功能分析和分配的过程中被进一步分解。

202. 功能研制保证等级

[英文] Function development assurance level (FDAL)

[俄文] Уровень обеспечения развития функций

[注释] 为功能而实施的研制保证任务的严重程度等级。

203. 沟通管理计划

[英文] Communications management plan

[俄文] План управления коммуникациями

[注释] 项目、工程或项目组合管理规划的组成部分，描述项目信息将如何、何时、由谁来进行管理和传播（已编辑）。

204. 构型

[英文] Configuration

[俄文] Конфигурация

[注释] ① 已存在的或计划的产品或产品组合的产品属性；② 一系列连续产生的产品变化中的一种。

205. 构型标识

[英文] Configuration identification

[俄文] Обозначение конфигурации

[注释] 构型管理的一项功能：① 为产品和产品构型信息建立结构关系；② 选择、定义、记录并通过基线冻结产品属性；③ 为每一个产品和产品构型信息分配唯一的标识。

206. 构型更改

[英文] Configuration change

[俄文] Изменение конфигурации

[注释] 产品和/或其相关的产品构型信息的更改（更改需要通过文件进行申请）。

207. 构型管理

[英文] Configuration management (CM)

[俄文] Управление конфигурациями

[注释] 在产品全生命周期内，建立并维持产品的产品属性与构型信息及其要求之间一致性的管理程序。

208. 构型管理办公室

[英文] Configuration management office (CMO)

[俄文] Отдел управления конфигурациями

[注释] 构型管理日常事务协调处理机构，一般可接受 CMB/CCB 的领导，负责任务的执行、组织、管理、协调，并制定相关的构型管理政策和程序。

209. 构型管理计划

[英文] Configuration management plan (CMP)

[俄文] План управления конфигурациями

[注释] 构型管理是一种面向产品全生命周期，以产品结构为组织方式，将

各阶段产品数据关联起来并对其进行管理和控制，进而保证产品数据一致性、有效性和可追溯性。

210. 构型管理委员会

[英文] Configuration management board (CMB)

[俄文] Комиссия по управлению конфигурациями

[注释] 负责项目构型管理的最高决策机构，批准构型管理顶层的政策性文件，组建并完善项目构型管理各级组织机构、指导和审核各级构型管理组织的工作。

211. 构型基线

[英文] Configuration baseline

[俄文] Базовая конфигурация

[注释] 在某一时间点上确定和建立产品属性的一致信息，它被作为定义更改的基础。

212. 构型纪实

[英文] Configuration status accounting (CSA)

[俄文] Учет статуса конфигурации

[注释] 构型管理的一项功能，是在整个生命周期内对获取和维护确定产品构型所必需的构型信息进行管理的活动。

213. 构型控制

[英文] Configuration control

[俄文] Контроль конфигураций

[注释] 一种系统的管理过程，它确保对已发放构型文件的更改经过恰当的标识、记录、影响的评估、授权机构的批准、合并和验证。该管理活动包括：提出系统性建议、对提出的建议进行论证、评估、协调和进行更改部署，确保所有已批准并发放的更改已经贯彻到产品的应用构型中、相关产品信息中、产品及其相关信息的支持和连接中。

214. 构型控制团队

[英文] Configuration control team (CCT)

[俄文] Группа контроля конфигураций

[注释] 根据专业划分为不同的团队，负责本专业技术问题的决策，为 CMB

和 CCB 决策重大工程更改、超差/偏离以及重大技术问题提供技术支持，接受 CCB、CMO 的领导，执行 CMB 和 CCB 的决策。

215. 构型控制委员会

[英文] Configuration control board (CCB)

[俄文] Комиссия по контролю конфигураций

[注释] 根据项目需要建立的，负责项目的构型更改控制工作，包括构型重大工程更改、重大超差/偏离的审批、重大问题的决策。

216. 构型偏离清单

[英文] Configuration deviation list (CDL)

[俄文] Перечень допустимых отклонений конфигурации

[注释] 飞机飞行手册中的相关性能缺损和受限的零件和相关部分的说明，它指明在飞行开始时可缺的某航空公司型别的任何外部部件，并且包含与使用限制和性能纠正相关的任何必要资料。

217. 构型审核

[英文] Configuration audit

[俄文] Проверка конфигурации

[注释] 构型管理的一项功能，它通过重新检查所使用的程序和产品以确认其与要求的符合性，并且验证产品是否已经达到了它们所需满足的特征并且符合已发放的产品定义信息。通常构型审核又被划分成独立的功能构型审核的和物理构型审核。

218. 构型项

[英文] Configuration item (CI)

[俄文] Элемент конфигурации

[注释] 满足其最终的使用功能并被指定进行单独进行构型管理的任一硬件、软件或硬件和软件的组合件。

219. 固有能力

[英文] Heritage (or Legacy)

[俄文] Наследие

[注释] 指原产制造商通过下列指标证实的其产品的固有质量和可靠性水平：服务年限；在役产品数量；平均无故障时间等性能表现；总使用循环次数。

220. 故障报告手册

[英文] Fault report manual (FRM)

[俄文] Руководство по сбору отказа

[注释] 提供了飞机各种类型的系统故障列表的信息。

221. 故障隔离手册

[英文] Fault isolation manual (FIM)

[俄文] Руководство по изоляции отказа

[注释] 提供飞机系统和设备故障，并提供故障隔离程序的维修类手册，供维修人员使用。

222. 故障影响

[英文] Failure effect

[俄文] Эффект отказа

[注释] 故障模式对产品使用、功能或状态所导致的结果。

223. 故障原因

[英文] Failure cause

[俄文] Причина отказа

[注释] 引气故障的设计、制造、使用和维修等有关因素。

224. 关键技术

[英文] Key technology

[俄文] Ключевая технология

[注释] 关键技术是指对飞机安全性、可靠性及竞争力构成重大影响，对研制目标的实现具有直接制约作用的技术问题。关键技术攻关是在飞机研制的可行性研究阶段以及预发展阶段进行的重要活动。

225. 关键决策点 (里程碑)

[英文] Key decision point (KDP)

[俄文] Точка принятия ключевого решения

[注释] 决策机构确定工程/项目是否准备好推进到寿命周期的下一阶段（或下一关键决策点）的时间点（已编辑）。

226. 关键链法

[英文] Critical chain method

[俄文] Метод Ключевой цепи

[注释] 一种进度规划方法，允许项目团队在任何项目进度路径上设置缓冲，来应对资源限制和项目不确定情形。

227. 关键路径

[英文] Critical path

[俄文] Ключевой путь

[注释] 代表项目中最长路径的活动序列，决定了项目最短的可能持续时间。

228. 关键路径法

[英文] Critical path method

[俄文] Метод "ключевого пути

[注释] "在项目进度模型中，估算项目所需最短工期，确定逻辑网络路径的进度灵活性大小的一种方法。

229. 关键路径活动

[英文] Critical path activity

[俄文] Работа по ключевым пути

[注释] 项目进度计划中，位于关键路径上的任何活动。

230. 关键设计评审

[英文] Critical design review (CDR)

[俄文] Ключевой проектный обзор

[注释] 关键设计评审表明完备的设计能够十分恰当的支持全面制造、装配、集成和测试的过程；决定了技术上的成就有望完成飞行和地面系统的开发和任务的执行，在成本和进度的约束中满足该任务性能要求。

231. 关键事件

[英文] Critical event (or Key event)

[俄文] Критическое событие (или Ключевое событие)

[注释] 也称"key event"，在项目规划的产品全寿命周期中需要监控的事件，该类事件可能产生影响系统设计、研发、制造、试验和运行的关键需求（如在效能指标、性能指标和技术性能指标方面）。

232. 关键事件准备 (状态) 评审

[英文] Critical event readiness review

[俄文] Проверка готовности к ключевыму событию

[注释] 针对项目在飞行任务中执行关键活动的准备状态进行的评估活动。

233. 关联对象

[英文] Link object (LO)

[俄文] Ссылка на объект

[注释] 关联对象，指体现 CI 与设计模块（DM）之间关系的对象，在该对象上记录每一对 CI 与 DM 之间的关联关系，如有效性信息。

234. 管理沟通

[英文] Management-communication

[俄文] Управление коммуникацией

[注释] 管理沟通是根据沟通管理计划，生成、收集、分发、储存、检索及最终处置项目信息的过程。

235. 规范

[英文] Specification

[俄文] Спецификация

定义产品、程序或服务需要满足的要求的文件。

236. 规划包

[英文] Planning package (PP)

[俄文] Планирующий пакет

[注释] 工作进度已知但详细进度活动未知的，低于控制账户的工作分解结构组件。参见"控制账户"。

237. 规划沟通管理

[英文] Plan communication management

[俄文] Управление взаимодействием по плану

[注释] 规划沟通管理是根据干系人的信息需要和要求及组织的可用资产情况，制定合适的项目沟通方式和计划的过程。

238. 规划进度管理

[英文] Plan schedule management

[俄文] Управление расписанием плана

[注释] 为规划、编制、管理、执行和控制项目进度而制定政策、程序和文

档的过程。

239. 滚动式规划

[英文] Rolling wave planning

[俄文] Планирование методом набегающей волны

[注释] 一种迭代式的规划技术，对近期要完成的工作进行详细规划，对远期工作只作粗略规划。

240. 过失速飞行

[英文] Post-stall flight

[俄文] Полёт на за критических углах атаки

[注释] 飞机在大于失速迎角后的范围内的飞行。此时飞机的飞行动作，不是飞行员有意操作的，而是非指令性的飞行。

241. 过失速旋转

[英文] Post-stall gyration

[俄文] Вращение на за критических углах атаки

[注释] 在前进位或倒挡中，踩住制动踏板并完全踩下节气门踏板时，发动机处于最大转矩工况，而此时自动变速器的输出轴和输入轴均静止不动，变矩器的涡轮不动，只有变矩器壳及泵轮随发动机一同转动，此工况称为失速工况，此时发动机的转速称为失速转速。

H

242. 航空电气系统

[英文] Aircraft electrical system

[俄文] Авиационная электрическая система

[注释] 航空器上供电系统和用电设备组合的总称。

243. 核心人员

[英文] Core staff

[俄文] Основной персонал

[注释] 核心人员是相对固定在外场承担试验试飞工作具体任务的人员。

244. 横滚

[英文] Roll

[俄文] Крен

[注释] 飞机绕机体纵轴作滚转 360°的特技飞行。它按滚转的速度可分为快滚和慢滚。慢滚飞行时要求滚转速度均匀，飞行航向不变。

245. 横轴

[英文] Lateral axis

[俄文] Поперечная ось

[注释] 也叫横滚轴，通过飞机重心和纵轴垂直伸向两翼的轴。

246. 后勤保障

[英文] Logistics

[俄文] Логистика

[注释] 与商用飞机产品和地面系统保障性目标所确定的设计需求定义、材料获取与分配、维护保养、备件更换、运输和处置相关的管理、工程活动、分析等事宜。

247. 滑行

[英文] Taxi

[俄文] Руление

[注释] 飞机凭借发动机推力在地面的运动。

248. 滑行道

[英文] Taxiway

[俄文] Рулежная дорожка

[注释] 一条规定的路径，通常有铺筑面，航空器可在其上由机场的一个部分滑行到另一个部分。

249. 滑行道安全区

[英文] Taxiway safety area

[俄文] Зона безопасности рулежных дорожек

[注释] 无障碍物、可排水并带坡度的区域，对称于滑行道中心线延长线两侧并邻接滑行道的端头。

250. 滑行路线图

[英文] Taxi patterns

[俄文] Схема руления

[注释] 为图解说明对可供使用的不同跑道或机场区域所希望的地面交通流动而制定的路线图。

251. 环境控制系统

[英文] Environmental control system

[俄文] Система контроля окружающей среды

[注释] 在各种飞行条件下，使座舱（或设备舱）内空气压力、温度、湿度、洁净度及气流速度等参数适合人体生理卫生要求，保证乘员生命安全舒适（或满足机载设备冷却、增压要求）的成套设备。

252. 活动清单

[英文] Activity list

[俄文] Список операций

[注释] 活动清单是一份包含项目所需的全部进度活动的综合清单。

253. 活动属性

[英文] Activity property

[俄文] Свойства операций

[注释] 与里程碑不同，活动具有持续时间，需要在该持续时间内开展工作，可能需要相应的资源和成本。活动属性是指每项活动所具有的多重属性，用来扩充对活动的描述。活动属性随时间演变。

J

254. 机长

[英文] Pilot in command

[俄文] Командир воздушного судна

[注释] 飞行过程中对航空器的运行和安全负责的驾驶员。

255. 机场标高

[英文] Airport elevation

[俄文] Альтитуда аэропорта

[注释] 从平均海平面到机场可用跑道最高点的垂直距离。

256. 机场场面探测雷达

[英文] Airport surface detection equipment (ASDE)

[俄文] Радиолокационная станция на поверхности аэропорта

[注释] 观测机场场面上航空器或车辆的位置和运动情况的一种地面雷达。

257. 机场导航

[英文] Airport navigation

[俄文] Навигация аэропорта

[注释] 保障航空器起飞、着陆和在机场区域飞行的导航。

258. 机动飞行

[英文] Maneuver flight

[俄文] Полетный манёвр

[注释] 用于航空器时，指有意地改变飞行中航空器的运动或姿态，例如，转弯、俯冲、改出、倾斜、筋斗、横滚、跃升转弯、半滚倒转等的变化或性能。

259. 机身

[英文] Fuselage

[俄文] Фюзеляж

[注释] 机身是飞机的主体部分，把机翼，尾翼和起落架连在一起。

260. 机翼

[英文] Wing

[俄文] Крыло самолёта

[注释] 机翼是飞机升力的主要来源，它是飞机必不可缺的一部分，机翼除了提供升力外，还作为油箱和起落架舱的安放位置，还可以吊装发动机。

261. 机载测试系统

[英文] Airborne data acquisition system (ADAS)

[俄文] Бортовая система сбора данных

[注释] 装机用于飞行试验的测试系统。

262. 机载软件

[英文] Airborne software

[俄文] Бортовое программное обеспечение

[注释] 安装在飞机设备/系统上能够确保飞机设备/系统实现特定功能的程序或软件（集合）。

263. 机载设备维修手册

[英文] Component maintenance manual (CMM)

[俄文] Руководство по техническому обслуживанию компонентов

[注释] 主要内容包括各设备或组件的说明、使用、实验和故障分析程序、拆卸、清洗、检查、修理和装配方法，专用工具以及按装配前后顺序排列的图解零件目录等。

264. 机载设备位置指南

[英文] Component location guide (CLG)

[俄文] Руководство по расположению бортовых оборудований

[注释] 提供了各种设备装机位置的说明，供空、地勤人员学习、培训使用，也可供维修保养飞机时作参考资料使用。

265. 机组

[英文] Crew

[俄文] Экипаж

[注释] 飞行期间派在飞机上执行任务的人。

266. 机组检查单

[英文] Pilot check list (PCL)

[俄文] Контрольный список пилотов

[注释] 飞行机组人员随身携带的袖珍型飞行运行类手册，其中应有飞行机组人员正常飞行的例行检查的操作程序。含有飞行机组人员正常飞行时例行检查的操作程序的清单。

267. 基本空机重量

[英文] Basic empty weight (BEW)

[俄文] Вес пустого снаряженного воздушного судна

[注释] 基本空机重量是制造空机重量加上标准项目的重量。

268. 基于项目的组织

[英文] Project-based organizations (PBOs)

[俄文] Проектные организации

[注释] 一种组织机构的变化形式，是通过创建临时管理系统来实施项目。其把大部分活动当项目来做，或提供超越职能分工的项目方案（已编辑）。

269. 绩效审查

[英文] Performance review

[俄文] Обзор результативности

[注释] 绩效审查是指测量、对比和分析进度绩效，如实际开始和完成日期、已完成百分比及当前工作的剩余持续时间。

270. 集成

[英文] Integration

[俄文] Интеграция

[注释] 使系统中的各元件能协同运作的行为并使若干分离的功能集中到单个实施过程之中的行为。

271. 集成产品/项目团队

[英文] Integrated project/product team (IPT)

[俄文] Интегральныйпроект/группа по проекту

[注释] 面向产品的，为实现项目目标而建立的包含达成目标产品所需各学科、专业、管理、支援人员的临时团队。通常 IPT 内有技术团队和管理团队之分，对 IPT 队长或项目经理负责，并且在可能的情况下，集中办公。

272. 技术成熟度水平

[英文] Technology readiness level (TRL)

[俄文] Уровень готовности технологии

[注释] 量度技术成熟度的依据。技术成熟度水平的范围从 1 级（基础技术研究）到 9 级（系统试验、试飞和运行）。通常在将技术集成到系统工程流程中时，其技术成熟度水平要达到 6 级（通过相关环境中技术演示验证）以上。

273. 技术出版物

[英文] Technical publication

[俄文] Техническая публикация

[注释] 是指为满足中国民用航空总局 CCAR-25《运输类飞机适航标准》附录 H 和 AC-91-11《航空器的持续适航文件要求》所必需的持续适航文件，以及指导用户（航空公司）运营、维护、修理飞机的技术支持资料。

274. 技术攻关

[英文] Technology research

[俄文] Исследование технологий

[注释] 简称攻关，对于商用飞机型号研制过程中的关键技术、技术难点，经型号设计师系统确认，需要集合有技术、有经验的专业技术或管理人员之智，在规定的期限内，按照既定的目标，共同解决技术问题的过程。

275. 技术难点

[英文] Technology difficulty

[俄文] Технологическая трудность

[注释] 技术难点是指除关键技术以外，影响飞机的性能、研制进度及适航取证工作，需要通过攻关活动解决的技术问题。技术难点攻关贯穿于飞机整个研制过程。

276. 技术审查

[英文] Technical reviews

[俄文] Технические обзоры

[注释] 一系列系统工程活动，该活动通过对照项目的技术或合同要求来评估项目的技术进展情况。技术审查应在合理的转阶段时进行，以便鉴别并纠正已完成工作中存在的问题，不让这些问题打断或推迟技术工作的进展。审查为执行单位和提出任务单位提供一种方法，以便使构型项的研制及其文件的制定更有可能满足合同的要求。

277. 技术团队

[英文] Technical team

[俄文] Техническая группа

[注释] 由涉及多个学科，拥有相关领域知识、经验、资质和技能，能完成特定技术工作的个人组成的群体。

278. 技术需求定义流程

[英文] Technical requirements definition process

[俄文] Процесс определения технических требований

[注释] 用于将干系人期望转换为经确认的完整的技术需求集合的过程，技术需求的表达用需求形式（shall）陈述，用于定义产品分解结构模型和相关辅助产品的设计方案。

279. 架次管理

[英文] Sorties management

[俄文] Управление вылетом

[注释] 试飞现场通过按架机成立架次管理团队，对各架机进行包括制定试飞计划，组织飞行实施和飞行保障、机上工作安排以及相关协调调度的过程。

280. 假设

[英文] Assumption

[俄文] Предположение

[注释] 在规划过程中不需要经验证即可视为正确、真实或确定的因素。

281. 减重

[英文] Weight reduction

[俄文] Уменьшение веса

[注释] 在飞机超出设计目标重量情况下，采取各种切实有效的优化措施去努力实现设计目标的过程叫作减重。

282. 减重机会

[英文] Weight opportunity

[俄文] Возможности уменьшения веса

[注释] 有益于飞机重量减少的各种潜在因素。

283. 检飞

[英文] Check flight

[俄文] Проверочный полёт

[注释] 检查飞机是否符合规定状态的飞行。包括改装、排故、定检和大修后的最初飞行，以及用于确定飞机部件和系统是否符合相应规定的其他飞行。

284. 简化技术英语

[英文] Simplified technical English (STE)

[俄文] Упрощённый технический английский

[注释] 由欧洲航空宇航工业（AECMA）组织负责出版编写的，用于编写维修技术文件的简化技术英语使用规范。目的是让母语为非英语的人员正确理解并使用规范的简化技术英语来编写手册、文件和资料。

285. 建模技术

[英文] Modeling technique (MT)

[俄文] Методика моделирования

[注释] 用于对系统/功能/项目的一个给定方面进行建模的方法。

286. 健康管理

[英文] Health management

[俄文] Управление здоровьем

[注释] 与系统状态监测、故障诊断/预测、故障处理、综合评价、维修保障决策等相关的所有过程的统称。

287. 交付验收 (试验)

[英文] Pre-delivery acceptance/Pre-delivery acceptance test (PDA)

[俄文] Приемочные работы до поставки (или приемочное испытание до поставки)

[注释] 产品交付前根据功能需求矩阵进行的检查与测试，用以验证产品的功能符合性。

288. 交付重量

[英文] Delivered weight (DW)

[俄文] Вес при доставке

[注释] 交付重量是指合同规定的交付状态下的重量。

289. 接口

[英文] Interface (INF)

[俄文] Интерфейс

[注释] 一般的边界存在的性能、功能和物理属性。

290. 接口管理

[英文] Interface management (IM)

[俄文] Управление интерфейсом

[注释] 系统工程（SE）的一个元素，帮助确保所有的系统元素在一起工作，完成系统的目标，并且在系统生命周期里，随着改变持续地一起运行。

291. 接口控制文件

[英文] Interface control document (ICD)

[俄文] Документ управления интерфейсом

[注释] 接口控制文件为一份接口控制图或其他文件，以描述产品或组合产品的物理接口、功能接口、性能接口和验证接口。

292. 结构修理手册

[英文] Structure repair manual (SRM)

[俄文] Руководство по ремонту и эксплуатации

[注释] 为用户提供飞机主要（基本）和次要（辅助）结构的识别、有关允许损伤和修理的说明性资料。对结构强度和寿命有重要影响的严重损伤，SRM提供了将其结构恢复到满足设计功能要求的状态所需要的资料。

293. 襟翼

[英文] Flaps

[俄文] Закрылок

[注释] 襟翼是为了使飞机在起飞和降落时速度较低，而又要保持升力在机翼上附加的活动面。

294. 紧后活动

[英文] Successor activity

[俄文] Последующая деятельность

[注释] 在进度计划的逻辑路径中，排在某个活动后面的活动。

295. 紧前关系

[英文] Precedence relationship

[俄文] Отношения предшествования

[注释] 在紧前关系绘图法中表示逻辑关系的术语。但在目前的用法中，无论使用那种绘图法，紧前关系、逻辑关系和依赖关系等术语经常互换使用。参

见"逻辑关系"。

296. 紧前关系绘图法

[英文] Precedence diagramming method (PDM)

[俄文] Метод предшествования

[注释] 创建进度模型的一种技术，用节点表示活动，用一种或多种逻辑关系连接活动，以显示活动的实施顺序。

297. 紧前活动

[英文] Predecessor activity

[俄文] Предшествующая деятельность

[注释] 在进度计划的逻辑路径中，排在某个依赖活动前面的活动。

298. 进度管理规划

[英文] Schedule management plan

[俄文] План управления расписанием

[注释] 项目管理规划的组成部分，为编制、监督和控制项目进度建立标准和明确活动。

299. 进度基准

[英文] Schedule baseline

[俄文] Базовое расписание

[注释] 经过批准的进度模型，只有通过正式的变更控制程序才能进行变更，用作与实际结果进行比较的依据。

300. 进度模型

[英文] Schedule model

[俄文] Модель расписания

[注释] 项目活动执行计划的一种表现形式，其中包含持续时间、依赖关系和其他规划信息，用以生成项目进度计划及其他进度资料。

301. 进度模型分析

[英文] Schedule model analysis

[俄文] Анализ модели расписания

[注释] 通过调查或分析进度模型的输出以优化进度的流程。

302. 进度网络分析

[英文] Schedule network analysis

[俄文] Анализ сети расписания

[注释] 进度网络分析是创建项目进度模型的一种技术。它通过多种分析技术，如关键路径法、关键链法、假设情景分析和资源优化技术等，来计算项目活动未完成部分的最早和最晚开始日期，以及最早和最晚完成日期。

303. 进度压缩

[英文] Schedule compression

[俄文] Сжатие расписания

[注释] 在不缩小项目范围的前提下缩短进度工期的技术。

304. 进度预测

[英文] Schedule forecasting

[俄文] Прогнозирование расписания

[注释] 进度预测是根据已有的信息和知识，对项目未来的情况和事件进行的估算或预计。

305. 精密进近雷达

[英文] Precision approach radar (PAR)

[俄文] Радиолокационная станция управления заходом на посадку

[注释] 安装在机场，用于观测和引导航空器沿预定的进场路径着陆的三坐标雷达。

306. 静力或疲劳试验机

[英文] Static/Fatigue test plane

[俄文] Самолёт для статических/ресурсных испытаний

[注释] 是指在飞机研制阶段，用于进行全尺寸静力/疲劳试验的飞机。

307. 静力试验

[英文] Static test

[俄文] Статическое испытание

[注释] 在静载荷下观测研究航空器机构的强度、刚度和应力、应变分布以验证航空器结构静强度的试验。

308. 静态校准

[英文] Static calibration

[俄文] Статическая калибровка

[注释] 在规定条件下，用一定的实验方法，对传感器输入随时间变化很大的物理量，通过适当的数据处理方法、确定传感器的输入-输出特性和精度的过程。

309. 绝对高度

[英文] Absolute altitude

[俄文] Абсолютная высота

[注释] 飞机离地面的实际距离。

310. 绝对湿度

[英文] Absolute humidity

[俄文] Абсолютная влажность

[注释] 单位体积空气中所含水蒸气质量。

311. 校准

[英文] Calibration

[俄文] Калибровка

[注释] 施加已知并精确测定的输入，以保证一个产品产生精确测定或指示的明确输出过程。按照实际情况，校正可包括调整或修正量的记录。

K

312. 开始到开始

[英文] Start-to-start (SS)

[俄文] Старт-старт

[注释] 只有紧前活动开始，紧后活动才能开始的逻辑关系。

313. 开始到完成

[英文] Start-to-finish (SF)

[俄文] Старт-финиш

[注释] 只有紧前活动开始，紧后活动才能完成的逻辑关系。

314. 科目关闭

[英文] Subject close

[俄文] Закрытие предмета темы закрыта

[注释] 对试飞科目的数据和审查资料的符合性进行最终确认的过程。

315. 科目管理

[英文] Subjects management

[俄文] Управление предметами

[注释] 外场试验队将试飞科目分类打包，并成立相应试飞科目联合团队，对试飞科目进行统筹管理的过程。

316. 可接受判据

[英文] Acceptable criteria

[俄文] Приемлемый критерий

[注释] 确定飞行试验等测试结果是否可以被接受的判定标准。

317. 可行性论证阶段

[英文] Feasibility study phase

[俄文] Этап технико-экономического обоснования

[注释] 商用飞机研制流程中的一个阶段，是对项目从技术、市场、经济、管理等方面进行的先期评估。

318. 可行性评审

[英文] Feasibility study review

[俄文] Анализ технико-экономического обоснования

[注释] 对项目从技术、市场、经济、管理等方面进行评估以确定是否正式立项的活动。

319. 可追溯性

[英文] Traceability (TB)

[俄文] Отслеживаемость

[注释] 在两个或多个逻辑实体（如需求、系统单元、验证、任务）之间的可辨识的联系。

320. 客舱机组操作手册

[英文] Cabin crew operation manual (CCOM)

[俄文] Руководство для бортпроводников

[注释] 提供了客舱机组管理的项目和设备的操作说明，以及正常和非正常情况下的处置程序。

321. 空速

[英文] Airspeed

[俄文] Воздушная скорость

[注释] 飞行相对于未扰大气的飞行速度。实践中又分为真实空速、当量空速、校正空速和指示空速。

322. 空速校准系统

[英文] Airspeed calibration

[俄文] Тарировка указателя воздушной скорости

[注释] 在空速校准试飞中，用于标定空速的设备和仪器。

323. 空中应急离机系统

[英文] Air emergency escape system

[俄文] Воздушная-аварийная система

[注释] 空中应急离机系统是飞行试验过程中保障试飞机组人员安全的重要设备。在飞机出现不可挽救的情况下，用以保证试飞组成人员快速脱离飞机，并跳伞逃生。

324. 控制节点

[英文] Control gate

[俄文] Узел управления

[注释] 参见"里程碑"。

325. 快速跟进

[英文] Fast tracking

[俄文] Быстрое отслеживание

[注释] 一种进度压缩技术，将正常情况下按顺序进行的活动或阶段改为至少是部分并行开展。

326. 快速检查单

[英文] Quick reference handbook (QRH)

[俄文] Краткое справочное руководство

[注释] 为飞行机组提供在正常情况下驾驶飞机和处理非正常情况时所需快速参考的资料，飞机制造商可根据飞机飞行手册编制快速检查单。

L

327. 里程碑

[英文] Milestone

[俄文] Этап

[注释] 也称"控制节点"。项目、工程或项目组合中的重要时间点或事件。

328. 里程碑清单

[英文] Milestone list

[俄文] Перечень этапов

[注释] 里程碑清单列出了所有项目里程碑，并指明每个里程碑是强制性的（如合同要求的）还是选择性的（如根据历史信息确定的）。里程碑与常规的进度活动类似，有相同的结构和属性，但是里程碑的持续时间为零，因为里程碑代表的是一个时间点。

329. 理论重量

[英文] Theoretic weight

[俄文] Теоретический вес

[注释] 理论重量是按飞机生产图纸所计算的，标注在图样上的重量。

330. 立项论证阶段

[英文] Project authorization phase

[俄文] Этап утверждения проекта

[注释] 商用飞机研制流程中的一个阶段。在可行性论证得出积极评估结论之后对项目进行正式立项流程操作。

331. 立项评审

[英文] Authorized to proceed (ATP)

[俄文] Уполномоченный действовать

[注释] 项目发起人或项目决策机构对实施项目建议书内容和所需经费和资源的审核过程。

332. 立轴

[英文] Vertical axis

[俄文] Вертикальная ось

[注释] 也叫偏航轴，与纵轴和横轴组成的平面垂直的轴。

333. 联合定义

[英文] Joint definition (JD)

[俄文] Совместное определение

[注释] 商用飞机主制造商及其系统供应商在预发展阶段期间，共同对所研制的机型从结构、设计直至其主要功能单元的需求进行梳理和确认的活动。

334. 联合概念定义

[英文] Joint concept definition (JCD)

[俄文] Совместное определение понятий

[注释] 商用飞机主制造商及其系统供应商在预发展阶段期间，共同对所研制的机型顶层需求及工作分解结构纲要进行梳理和确认，并确立产品总体技术方案的活动。

335. 零部件

[英文] Part

[俄文] Деталь

[注释] 一个构成产品结构的基本物理元素，与最终交付客户的产品相关联。零部件可以是零件，也可以是部件、整件和成套设备。

336. 零组件件号

[英文] Part number (P/N)

[俄文] Номер детали

[注释] 对飞机、产品或零组件进行标识的方法，每个零组件件号是唯一的。

337. 留置

[英文] Liens

[俄文] Право удержания

[注释] 暂时未能满足，必须在一个给定的时间内解决以推进项目控制节点的需求和任务。

338. 路径分支

[英文] Path divergence

[俄文] Расхождение траектории

[注释] 表示一个进度活动拥有一个以上的紧后活动的一种关系。

339. 路径汇聚

[英文] Path convergence

[俄文] Схождение траектории

[注释] 表示一个进度活动拥有一个以上的紧前活动的一种关系。

340. 逻辑分解流程

[英文] Logical decomposition process

[俄文] Процесс логического разбиения

[注释] 生成详细的功能需求使得工程和项目能够满足干系人最终需要的过程。该流程辨识系统在各个层次上必须达到的要求，从而保证项目成功。它运用功能分析法生成系统结构，并将系统顶层需求逐层分解，直到项目所需要的最低层次。

341. 逻辑分解模型

[英文] Logical decomposition models

[俄文] Модели логического разбиения

[注释] 采用一种或多种方法（如功能、时间、行为、数据流、状态、模式、系统结构）对需求进行分解。

342. 逻辑关系

[英文] Logical relationship

[俄文] Логическая взаимосвязь

[注释] 两个活动之间，或者一个活动与一个里程碑之间的依赖关系。

M

343. 每客重量

[英文] Average passenger weight

[俄文] Средний вес пассажира

[注释] 通过科学统计得到的每位乘客的平均重量（含行李），AC120-27E 咨询通告给出了每客重量的建议值。

344. 门禁

[英文] Toll gate (TG)

[俄文] Платный шлагбаум

[注释] 项目管理中设立于各发展阶段间，保证项目状态及阶段性交付物符合进入下一阶段的一系列评判准则。参见"成熟节点"。

345. 民用飞机

[英文] Civil aircraft (or Civil airplane)

[俄文] Гражданское воздушное судно (или Гражданский самолёт)

[注释] 是从事除执行军事、海关、警察飞行任务外的一种民用航空器，使用固定翼面，具有自身动力。

346. 模块

[英文] Module

[俄文] Модуль

[注释] 在安装层次上定义的零组件及其方位的逻辑组合。模块包括与安装有关的产品定义数据和服务、适用的工艺、工艺装备、技术规范以及它们之间的相互关系。

347. 模型

[英文] Model

[俄文] Модель

[注释] 对系统/功能/设备诸多方面的一种抽象表达方式，以作分析、建模和

/或代码生成只用，并具有清晰、明确规定的语法和语义。

348. 目标重量

[英文] Target weight

[俄文] Целевой вес

[注释] 目标重量是在合同中明确定义的，并且要求承制方努力达到的重量，它是比担保重量更高层次的要求。

349. 目视飞行

[英文] Visual flight；contact flight

[俄文] Визуальный полет

[注释] 驾驶员运用对地平线和地标的目视参考，来确认其航空器的姿态并寻找从一地到另一地的路线的飞行。

350. 目视飞行规则

[英文] Visual flight rules (VFR)

[俄文] Правила визуальных полётов

[注释] 又称能见飞行规则。在目视气象条件下应遵守的飞行规则，保证飞行员观察地标和空中情况作目视飞行。

N

351. 耐久性设计

[英文] Durability design

[俄文] Проектирование долговечности

[注释] 在规定使用寿命期内，使结构具有抗开裂（含应力腐蚀开裂和氢致开裂）、腐蚀、热退化、剥离、磨损和外来物损伤能力的设计。

352. 耐坠毁性

[英文] Crashworthiness

[俄文] Ударопрочность

[注释] 航空器在发生地面坠毁时保证乘员有较高的生存率及设备有较高完

好率的性能。

353. 能见度

[英文] Visibility (VIS)

[俄文] Видимость

[注释] 反映大气透明度的一个指标，航空界定义为具有正常视力的人能将一定大小的黑色目标物从地平线附近的天空背景中识别出来的最大距离。

354. 逆推法

[英文] Backward pass (BP)

[俄文] Проход назад

[注释] 关键路径法中的一种技术。在进度模型中，从项目完工日期出发，反向推导，计算最晚开始和最晚结束日期。

P

355. 爬升

[英文] Climb

[俄文] Набор высоты

[注释] 飞机连续增加飞行高度的飞行。

356. 爬升离场

[英文] Climb-out

[俄文] Уходить с набором высоты

[注释] 起飞和巡航（或航线）高度之间的一段飞行操作。

357. 排列活动顺序

[英文] Sequence activities

[俄文] Последовательные мероприятия

[注释] 排列活动顺序是识别和记录项目活动之间的关系的过程。本过程的主要作用是，定义工作之间的逻辑顺序，以便在既定的所有项目制约因素下获得最高的效率。

358. 派生需求

[英文] Derivedre quirements (DR)

[俄文] Производные требования

[注释] 也称"衍生需求"。对于一个项目，派生需求是指那些需要满足工程对项目的要求的需求。

359. 盘旋

[英文] Turn

[俄文] Полёт по кругу

[注释] 飞机在水平面内连续改变飞行方向而高度保持不变的一种曲线运动，是最常见的机动动作。

360. 跑道

[英文] Runway

[俄文] Взлётно-посадочная полоса

[注释] 陆上机场的一个划定的矩形区域，其表面经过加工，供航空器沿其长度方向进行着陆和起飞滑跑。

361. 跑道方位

[英文] Runway bearing；runway orientation

[俄文] Ориентация взлётно-посадочной полосы

[注释] 跑道中心线的磁方向或真方位，从磁北或真北开始测量。

362. 跑道起飞长度

[英文] Runway length-takeoff

[俄文] Длина взлетно-посадочной полосы для взлёта

[注释] 从规定开始起飞处到跑道端头测得的长度。

363. 跑道实际长度

[英文] Runway length-physical

[俄文] Фактическая длина взлетно-посадочной полосы

[注释] 跑道的实测长度。

364. 跑道污染

[英文] Runway contamination

[俄文] Загрязнение взлётно-посадочной полосы

[注释] 沉积或留存在跑道表面上的灰尘、油脂、橡胶或其他材料，对航空器的正常运行具有不利影响或对铺筑面产生化学腐蚀。

365. 跑道着陆长度

[英文] Runway length-landing

[俄文] Длина взлетно-посадочной полосы для посадки

[注释] 从跑道入口到跑道端头测得的长度。

366. 配平

[英文] Trim

[俄文] Триммирование

[注释] 操纵面处于某种位置，使飞机的姿态相对于所有轴线保持不变的状态。

367. 配重

[英文] Ballast

[俄文] Балласт

[注释] 配重是专门为调整重心而加装的货物。

368. 批生产和产业化阶段

[英文] Batch production and industrialization phase

[俄文] Этап серийного производства и индустриализации

[注释] 商用飞机研制流程中的一个阶段。紧接于工程发展阶段，标志着项目产品的研制符合顶层技术需求，可进入批量生产。

369. 偏离

[英文] Deviation

[俄文] Отклонение

[注释] 一种特定的书面授权，其规定了某项目中一定数目的个体或在一个特定的时间段内可以偏离已批准构型文件中的某项要求，该项目尽管偏离了特定的要求，但仍旧被认为合格或经过批准的方法修理后合格。（偏离与工程更改的不同之处在于，工程更改批准后，要求该项目对应的已批准构型文件进行修订，而偏离则不对已批准构型文件进行修改。）

370. 平行跑道

[英文] Parallel runways

[俄文] Параллельные взлетно-посадочные полосы

[注释] 同一机场上与中心线平行的两条或更多条跑道。

371. 破损安全结构

[英文] Fail safe structure

[俄文] Отказо устойчивая конструкция

[注释] 机体受力构建破损后，可通过其相邻传力途径传递载荷或通过裂纹止裂措施，在预定的定期检查之前仍可承受规定的载荷以保证飞行安全的结构。

Q

372. 起飞

[英文] Takeoff

[俄文] Взлёт

[注释] 航空器从停止状态加速到飞行状态开始飞行的动作。

373. 起飞安全速度

[英文] Takeoff safety speed

[俄文] Безопасная скорость взлёта

[注释] 飞机离地后上升到规定的安全高度时所必须达到的瞬时速度。

374. 起飞后限

[英文] Aft limit for takeoff

[俄文] Предельнозаднее положение для взлёта

[注释] 飞机在起飞阶段要求不超过某一后重心位置，这一重心就是飞机的起飞后限。

375. 起飞距离

[英文] Takeoff distance (TOD)

[俄文] Взлётная дистанция

[注释] 飞机从起飞线开始滑跑、离地、加速爬升到安全高度所经过的水平距离。它是飞机主要飞行性能指标之一。

376. 起飞决断速度

[英文] Takeoff decision speed

[俄文] Скорость принятия решения на взлёте

[注释] 根据联邦适航条例的规则和程序，飞机能进行中断起飞且在剩余场长内停止的最大速度。它是在起飞滑跑时仍可停住飞机的最后决策点。

377. 起飞前限

[英文] Forward limit for takeoff

[俄文] Предельно допустимое переднее положение для взлёта

[注释] 飞机在起飞阶段要求不超过某一前重心位置，这一重心就是飞机的起飞前限。

378. 起落架

[英文] Landing gear

[俄文] Шасси

[注释] 民用飞机绝大多数是在陆上起飞、着陆的，使用轮式起落架，一般包括刹车装置、减震装置、收放装置和前轮转弯机构几个部分。

379. 起落架系统

[英文] Landing gear system

[俄文] Система Шасси

[注释] 起落架是飞机下部用于起飞降落或地面（水面）滑行时支撑飞机并用于地面（水面）移动的附件装置。

380. 强度

[英文] Strength

[俄文] Прочность

[注释] 材料或结构在不同的环境条件下承受外载荷的能力。

381. 确认（产品）

[英文] Validation (of a product)

[俄文] Валидация (продукта)

[注释] 对正式产品能够实现预期目的的外部评估。确认的手段有试验、分析、演示或其组合。

R

382. 燃油系统

[英文] Fuel system

[俄文] Топливая система

[注释] 燃油系统一般是由燃油泵、燃油滤、喷油嘴等组成，其作用是保证发动机在各种工作状态和条件下所需要的燃油流量。

383. 扰流板

[英文] Spoiler

[俄文] Плоский интерцептор

[注释] 扰流板是铰接在翼面上表面的板，它只能向上打开，可以增加阻力。

384. 人力资源管理计划

[英文] Human resource management plan (HRMP)

[俄文] План управление человеческими ресурсами

[注释] 项目管理规划的组成部分，描述将如何安排项目的角色与职责、报告关系和人员配备管理。

385. 人员配备管理计划

[英文] Staffing management plan (or manpower loading plan)

[俄文] План управления персоналом

[注释] 人力资源规划的组成部分，说明将在何时、已何种方式获得项目团队成员，以及他们需要在项目中工作多久。

386. 软件缺陷

[英文] Software defect；software fault

[俄文] Дефект программного обеспечения；ошибка программного обеспечения

[注释] 软件错误的具体体现。它的存在可能引起软件故障。

387. 软件失效

[英文] Software failure

[俄文] Сбой программного обеспечения

[注释] 又称软件故障。由于软件故障，在规定的数据环境下，导致软件系统丧失完成规定功能的能力事件。

S

388. 商用飞机

[英文] Commercial aircraft (or Commercial airplane)

[俄文] Коммерческое воздушное судно (или Коммерческий самолёт)

[注释] 是用于商业经营如航空运输的民用飞机。

389. 设计方案定义流程

[英文] Design solution definition process

[俄文] Процесс определения проектного решения

[注释] 将根据干系人的期望和逻辑分解过程得到的高层需求转变为设计解决方案的过程。

390. 设计构型数据

[英文] Design configuration data

[俄文] Данные конфигурации проекта

[注释] 设计构型数据是指定义试验对象（如试验件和试验机）设计构型的数据，通常包括：①试验件或试验机相关的顶层/各系统设计要求文件；②试验件或试验机相关的设计图样、数模、细目表、软件等（含工程部门发出的架内改装图、假件图、堵孔补加工文件或图样等）；③零组件清册；④装机设备/成品件清册；⑤机载软件构型状态清册。

391. 设计过程

[英文] Design process

[俄文] процесс проектирования

[注释] 根据一系列要求来构建系统或产品的过程。

392. 设计基线

[英文] Design baseline (DBL)

[俄文] Проектная база

[注释] 设计基线用已批准的设计构型文件来标识。设计构型文件指成套的工程设计资料，其是根据功能和分配基线中的要求而设计的详细的数模（包含数模所引用的技术文件）、机载软件构型资料或其他产品定义和要求信息。

393. 深度失速

[英文] Deep stall

[俄文] Глубокое сваливание

[注释] 又称深失速。飞机的一种失速飞行状态，在这种状态中，飞机迎角将保持超过失速迎角或限制器迎角，而旋转速度可忽略不计。在深度失速时，可能出现某种缓慢振荡的偏航、滚转或俯仰运动，这取决于飞机的外部载荷、重心位置和襟翼等构型状态情况。失速后的飞机不能利用操纵舵面脱离失速的现象。

394. 审定重心限制

[英文] Certified CG limit

[俄文] Сертифицированный предел центра тяжести

[注释] 经过适航当局审定并批准的飞机可安全运营的重心范围。

395. 升降舵

[英文] Elevator

[俄文] Руль высоты

[注释] 升降舵，顾名思义就是控制飞机升降的"舵面"，当我们需要操纵飞机抬头或低头时（一般来说，抬头即意味着飞机爬升，低头同理），水平尾翼中的升降舵就会发生作用。升降舵是水平尾翼中可操纵的翼面部分，其作用是对飞机进行俯仰操纵。

396. 升限

[英文] Ceiling

[俄文] Практический потолок

[注释] 飞机能保持等速直线水平飞行状态的最大高度。它分为理论静升限（即最大爬升率等于零的高度）、实用静升限（即爬升率为 0.5～5m/s 时的高度）和理论动升限等。

397. 生产试飞

[英文] Productive flight test

[俄文] Продуктивное лётное испытание

[注释] 飞机制造商向客户交付批生产飞机之前对飞机进行的最重要的一项飞行试验，也包括适航当局的接收飞行和对客户的演示飞行。

398. 生产准备 (状态) 评审

[英文] Production readiness review (PRR)

[俄文] Проверка готовности производства

[注释] 生产准备评审用来确定系统开发者是否已经准备就绪，可以有效地开展所需求数量产品的生产。通过评审，确保在生产计划，制造、组装和辅助产品集成，人员到位等方面达到开始生产的要求。

399. 剩余强度

[英文] Residual strength

[俄文] Остаточная прочность

[注释] 结构内部出现裂纹型的损伤后所具有的承载能力。

400. 失速

[英文] Stall

[俄文] Сваливание

[注释] 当飞机发生非指令性俯仰、滚转或偏航，或出现不可忍受的抖动或结构振动，或升力系数随迎角增加而开始下降等三种情况之一的异常现象。其机理在于大迎角（或激波诱导）机翼边界层分离。当迎角达到临界迎角时，升力系数达到最大值，若迎角进一步增大，则升力不但不增大反而会迅速下降，这种现象称为失速。

401. 失速改出伞系统

[英文] Stall recovery parachute system

[俄文] Парашютная система восстановления из сваливания

[注释] 用于实现飞机从失速状态改出到正常飞行状态的伞及其控制装置。

402. 失速速度

[英文] Stalling speed

[俄文] Скорость сваливания

[注释] 飞机在水平飞行中由最大可用升力系数（配平）所对应的飞行速度。低于此速度的飞机将不能保持平飞而下降高度或进入尾旋。在 CCAR25.103（c）

所述:从稳定的配平状态开始,使用纵向操纵减速飞机,使速度降低不超过 1kn/s 的机动过程中当载荷因素-修正升力系数第一次最大时获得的校正空速。此外, 当该机动受到在选定迎角突然将机头下推的装置限制时,不得小于该装置作动那一瞬间存在的速度。

403. 失速迎角

[英文] Stall angle

[俄文] Угол атаки сваливания

[注释] 又称临界迎角。升力系数达到最大值时所对应的迎角。

404. 失效

[英文] Failure

[俄文] Отказ

[注释] 产品丧失完成规定功能的能力。

405. 湿度

[英文] Humidity

[俄文] Влажность

[注释] 表示空气中水蒸气含量的物理量。

406. 湿跑道

[英文] Wet runway

[俄文] Мокрая взлетно-посадочная полоса

[注释] 当跑道表面覆盖着深度等于或大于 3 mm 的水或等同物时,或则当跑道表面虽无大片积水区,但非常潮湿到能出现映像时被认为是湿跑道。换言之,只要有闪光现象,且在其道面有部分积水也不致有出现滑水现象的风险,水深小于 3 mm,这种道面称为湿跑道。与湿跑道相当的跑道覆盖的污染物等同于或小于:2 mm(0.8 in)的雪浆;3 mm(0.12 in)的积水;4 mm(0.16 in)的湿雪;15 mm(0.59 in)的干雪。

407. 时标进度网络图

[英文] Time-scaled schedule network diagram

[俄文] Сетевая диаграмма с расписанием по времени

[注释] 以进度活动的位置与长度表示其持续时间的项目进度网络图,实质上是含有进度网络逻辑的横道图。

408. 实称重量

[英文] Weighted weight

[俄文] Взвешенный вес

[注释] 通过称重方式确定的重量。

409. 实时数据处理

[英文] Real-time data processing

[俄文] Обработка данных в реальном времени

[注释] 在数据采集过程中立即进行的数据处理。

410. 实时遥测

[英文] Real-time telemetry

[俄文] Телеметрия в реальном времени

[注释] 将采集到的数据立即发送的遥测。

411. 使用空机重量

[英文] Operational empty weight (OEW)

[俄文] Вес пустого с наряженного воздушного судна (без пассажиров)

[注释] 使用空机重量是基本空机重量加上使用项目的重量。

412. 使用项目

[英文] Operator's item (OI)

[俄文] Элемент оператора

[注释] 使用项目是指对于具体使用要求所必须的并且未包括在基本空机重量中的人员、设备和补给品。这些设备项目的重量对不同航班的飞机是不同的。这些项目包括但不局限于以下各项目：机组人员与行李、食品和饮料等补给品、厨房插件、厨房和厕所使用的纯净水、随机文件与工具包、其他未包含在基本空机重量中的有用液体（如盥洗室清洁液等）。

413. 事后处理

[英文] Post-mission processing

[俄文] Обработка после миссии

[注释] 试验结束后，对记录的原始数据进行全面的综合的分析处理，给出最终的处理结果。

414. 试飞报告

[英文] Flight report

[俄文] Отчет о лётных испытаний

[注释] 对具体试飞科目的试飞情况和结果进行分析和总结的技术文件。

415. 试飞大纲

[英文] Flight test program

[俄文] Программа летных испытаний

[注释] 根据试飞要求编制的实施飞行试验的纲领性技术文件，是编制试飞改装技术方案、试飞任务单等试飞文件和制定试飞有关各项技术指标的主要依据。

416. 试飞方法

[英文] Flight test method

[俄文] Метод летных испытаний

[注释] 进行飞行试验的操作方法和程序。

417. 试飞改装

[英文] Test refit

[俄文] Переоснащение для испытаний

[注释] 在飞机上安装测试设备和对飞机结构、测试对象进行的局部更改。

418. 试飞工程师

[英文] Flight test engineer (FTE)

[俄文] Инженер по летным испытаниям

[注释] 飞行试验中在飞机上直接参与飞行试验的工程技术人员。

419. 试飞工程师工作台

[英文] Flight test engineer station

[俄文] Станция инженера по летным испытаниям

[注释] 为实现试飞数据监控和分析判断而安装在飞机上供试飞工程师使用的实时数据处理和监控终端。

420. 试飞构型

[英文] Flight test configuration

[俄文] Конфигурация летных испытаний

[注释] 在飞行试验机构型的基础上，由试飞单位再进行加装和改装试验设

备，以满足一个或几个飞行试验科目要求的飞机构型。

421. 试飞故障

[英文] Flight test failure

[俄文] Сбой в летных испытаниях

[注释] 在试飞过程中，飞机的设备或系统出现不能符合规定性能或丧失执行预定功能的偶然事故状态。

422. 试飞计划

[英文] Flight test plan

[俄文] План летных испытаний

[注释] 试飞科目的顺序和进度安排。

423. 试飞架次

[英文] Flight test sortie

[俄文] Вылет на лётное испытание

[注释] 飞机执行一次从静止起飞到着陆停止的完整飞行称为一个架次。

424. 试飞结果

[英文] Flight test result

[俄文] Результат летного испытания

[注释] 飞行试验中产生的有效数据、记录及飞行员评述。

425. 试飞结果确认

[英文] Flight test results confirmation

[俄文] Подтверждение результатов летных испытаний

[注释] 试飞结果确认是对试飞结果进行确认的过程，主要包括试飞架次有效性确认、试飞科目完成情况确认、试飞科目关闭确认。

426. 试飞科目

[英文] Flight test item

[俄文] Предметы летных испытаний

[注释] 飞行试验的具体试验项目，如空速校准试飞、失速试飞等。

427. 试飞任务

[英文] Flight test task

[俄文] Задача летного испытания

[注释] 商用飞机试飞任务是为取得适航当局的型号合格证所需进行的飞行试验科目，以及型号设计方为研究和扩展飞机性能所进行的试验飞行，分为申请人试飞、审定试飞、AEG 试飞，以及其他类型试飞。

428. 试飞任务单

[英文] Flight test card

[俄文] Карта летных испытаний

[注释] 根据试飞大纲编制的实施试飞任务的指令性技术文件。

429. 试飞要求

[英文] Flight test request

[俄文] Требования на испытательный полет

[注释] 对试飞过程中需要进行的飞行试验的具体要求进行规定的技术文件。包括试飞目的、验证条款、试飞条件、测试参数、试飞方法/内容及可接受判据等。

430. 试飞员

[英文] Flight test pilot

[俄文] Лётчик-испытатель

[注释] 专门承担飞行试验任务的飞机驾驶员，是飞行试验的执行者和（或）监控者。

431. 试飞专项计划

[英文] Special plan for flight-test

[俄文] Специальный план летных испытаний

[注释] 针对每个试飞科目，特别是重点试飞任务制定的专项计划。

432. 试验大纲/程序

[英文] Test plan/procedure

[俄文] План/процедура испытаний

[注释] 由承试方依据大型试验任务书或试验规划/方案编写的试验实施文件。

433. 试验构型数据

[英文] Test configuration documentation

[俄文] Документация по испытательной конфигурации

[注释] 试验程序数据是指定义试验目的、试验环境、试验程序、试验数据

处理办法等内容的数据，通常包括试验大纲、试验任务书、试验程序等。此外飞行试验机架外改装相关文件、图样、执行情况说明等也暂定归为这一类。

434. 试验规划/方案

[英文] Test program

[俄文] Программа испытаний

[注释] 在大型试验任务确定后，试验项目提出方编制的试验指导性文件。

435. 试验件

[英文] Test part

[俄文] Испытуемый образец

[注释] 用于进行试验的零组件，本文中的试验件包括风洞模型试验件、研发试验结构试验件、铁鸟试验件和工程样机试验件和样段试验件等。

436. 试验任务书

[英文] Test task file

[俄文] Файл заданий на испытания

[注释] 试验项目提出方编制的大型试验指导性文件，是对试验规划/方案的细化和具体化。

437. 试验形态

[英文] Test condition

[俄文] Условие испытаний

[注释] 在某一特定飞行阶段中，飞机操纵面、起落架等的位置。比如起飞形态、着陆形态等。

438. 试验状态点

[英文] Test point

[俄文] Контрольная точка испытания

[注释] 试飞任务的最小子集，包括试飞高度、速度、起落架形态、发动机形态等。

439. 试验准备状态评审

[英文] Test readiness review (TRR)

[俄文] Проверка готовности к испытаниям

[注释] 试验前对试验软硬件、试验设备、和试验程序的准备状态和参试人

员的资质所做的评估活动，以确保试验的开展、数据采集、还原和控制。

440. 适航标签

[英文] Airworthiness tag

[俄文] Заключение о полёте пригодности воздушного судна

[注释] 适航当局出具的表明产品或试验件已通过适航制造符合性检查的文件，是适航产品或试验件交付必备的文件。

441. 首飞

[英文] First flight (FF)

[俄文] Первый полёт

[注释] 商用飞机产品的第一次飞行试验。是商用飞机研发流程的重要里程碑。

442. 首件检验

[英文] First article inspection (FAI)

[俄文] Инспекция первого серийного образца

[注释] 针对首件正式装机件的质量检验。是商用飞机研发流程的重要里程碑。

443. 数据处理

[英文] Data processing

[俄文] Обработка данных

[注释] 对以获得的原始数据进行变化、相关、平滑、滤波、压缩、误差分析等运算及逻辑处理。

444. 数据监控终端

[英文] Data monitoring terminal (DMT)

[俄文] Терминал контроля данных

[注释] 各专业监控点，用于实现对某关键专业试飞过程的监控。

445. 数据日期

[英文] Data date (DD)

[俄文] Дата данных

[注释] 记录项目状况的时间点。

446. 水平飞行

[英文] Horizontal flight

[俄文] Горизонтальный полет

[注释] 飞机保持恒定海拔高度的飞行。

447. 水平尾翼

[英文] Horizontal fin

[俄文] Горизонтальное оперение

[注释] 水平尾翼是由水平安定面（Horizontalstabilizer）和升降舵组成，水平安定面是固定的，而升降舵可以上、下转动。

448. 顺推法

[英文] Forward pass (FP)

[俄文] Прямой проход

[注释] 关键路径法中的一种技术。在进度模型中，从项目开始日期或某给定时点出发，正向推导，计算最早开始和最早结束日期。

449. 顺序图 (活动)

[英文] Precedence diagram

[俄文] Схема последовательности операций

[注释] 甘特图的典型表现方式—将置入方框的活动用表示依赖关系的箭头连接的工作流程图。

T

450. 特定飞机构型表

[英文] Airplane special configuration table

[俄文] Таблица специальной конфигурации самолета

[注释] 反映飞机技术状态定义中特定的选项、模块、零件关系及其生产服务信息等内容的数据包清单。

451. 特定风险

[英文] Particular risk

[俄文] Конкретный риск

[注释] 飞机外部或者飞机内的系统或组件外部的那些事件或影响，特定风

险可能破坏失效独立性声明。

452. 特殊人力资源管理

[英文] Special human resource management

[俄文] Специальное управление персоналом

[注释] 试飞现场经过特殊培训，具有一定资质的技术人员管理过程，主要有飞行员资质管理、试飞工程师资质管理、地勤人员资质管理和制造人员资质管理。

453. 提前量

[英文] Lead

[俄文] Опережение времени

[注释] 相对于紧前活动，紧后活动可以提前的时间量。

454. 通用地面支援设备

[英文] Commercially available GSE

[俄文] Коммерчески доступное наземное вспомогательное оборудование

[注释] 通用地面支援设备是指能适用多种型号飞机维护、维修使用的地面支援设备。通用地面支援设备一般是在市场上可直接采购到的货架成品。

455. 同行评审

[英文] Peer review

[俄文] Экспертная оценка

[注释] 由商用飞机项目团队内部或外部的专业领域专家进行的独立评估。这些专家在被评审的产品上没有既得利益。同行评审可以是针对选定的工作产品进行的有计划专门评审，用于在该产品进入里程碑评审或审批环节之前辨识其存在的瑕疵和问题。

456. 投入使用

[英文] Entry into service (EIS)

[俄文] Ввод в эксплуатацию

[注释] 商用飞机产品研发流程重要节点之一，标志飞机产品正式交付客户服役。

457. 推进系统

[英文] Propulsion system

[俄文] Двигательная система

[注释] 利用反作用原理为飞行器提供推力的装置。

458. 退役评审

[英文] Decommissioning review (DR)

[俄文] Анализ вывода из эксплуатации

[注释] 对项目产品作出系统终止和退役的决定，并评估系统资产安全退役和处置的准备状态的活动。

W

459. WBS 词典

[英文] WBS dictionary

[俄文] Словарь структуры разбивки работ

[注释] 也称"工作分解结构词典"，是针对每个工作分解结构单元，详细描述可交付成果、活动和进度计划信息的文件。

460. 外测

[英文] Exterior parameters measurement

[俄文] Измерение внешних параметров

[注释] 测量飞机和其他试验件精确的瞬态位置、飞行轨迹及其动态参数（如速度、减速度）；对危险和临界试飞项目提供的实时显示、预警、监控指挥的参数和图像信息；检测、校验飞行器及其试飞仪器、设备的位移、方位、姿态等参数的指示的精确度。

461. 外场试验队

[英文] Outfield testing team

[俄文] Группа полевых испытаний

[注释] 外场试验队通常直属型号项目最高管理层，在规定时间内，为保障商用飞机研制过程中飞行试验、重大地面试验及其他工作的顺利进行，由项目相关人员组成的派驻外场的工作团队。

462. 完成百分比

[英文] Percent complete

[俄文] Процент обработки

[注释] 对某活动或工作分解结构组件的已完成工作量的百分比估算。

463. 完成到开始

[英文] Finish-to-start (FS)

[俄文] Финиш-старт

[注释] 只有紧前活动完成，紧后活动才能开始的逻辑关系。

464. 完成到完成

[英文] Finish-to-finish (FF)

[俄文] Финиш-финиш

[注释] 只有紧前活动完成，紧后活动才能完成的逻辑关系。

465. 维修程序

[英文] Maintenance procedure

[俄文] Процедуратехнического обслуживания

[注释] 为对产品进行定期检查、维修而规定的流程和方法。

466. 维修计划文件

[英文] Maintenance plan document

[俄文] Документ по планированию технического обслуживания

[注释] 由航空器制造厂家提供的该型航空器所必须的维护信息和方案，航空器运营人可依据该方案制定适合自己机队情况的维护计划。该方案包含了所有制造厂家推荐的、满足制造国当局的持续适航要求的维修任务和计划。

467. 维修审查委员会报告

[英文] Maintenance review board report

[俄文] Отчет комиссии по анализу техобслуживания и ремонта

[注释] 由制造国当局制定和批准的、针对衍生型号或新型号审定航空器的初始最低维护\检查要求，该报告包含了对航空器、在翼发动机维修方案的初始最低维护\检查要求，但并未包含对独立未装机发动机的维修方案。该报告将成为航空器运营人建立自己维修方案的一个基础，其中的要求对相同型号的航空器都是适用的。

468. 维修事件

[英文] Maintenance event

[俄文] Событие технического обслуживания

[注释] 由于故障、虚警或按预定维修计划进行的一种或多种维修活动。

469. 维修性

[英文] Maintainability

[俄文] Ремонто-пригодность

[注释] 产品在规定的条件下和规定的时间内，按规定的程序和方法进行维修时，保持或恢复到规定状态的能力。

470. 维修性保证

[英文] Maintainability assurance

[俄文] Обеспечение ремонтопригодности

[注释] 为使人们确信产品满足给定的维修性要求所必须进行的有计划、有组织、有系统的全部活动。

471. 维修性大纲

[英文] Maintainability program

[俄文] Программа ремонтопригодности

[注释] 为了保证产品满足规定的维修性要求而制定的一套文件。它包括按进度安排的、必要的维修性组织机构及其职责，要求实施的工作项目、工作程序和需要的资源等。

472. 维修性分配

[英文] Maintainability allocation

[俄文] Распределение ремонтопригодности

[注释] 为了把产品的维修性定量要求按照规定的准则和方法分配给各组成部分而进行的工作。

473. 维修性管理

[英文] Maintainability management

[俄文] Управление ремонтопригодностью

[注释] 为确定和满足产品维修性要求所必须进行的一系列组织、计划、协调和监督等工作。

474. 维修性计划

[英文] Maintainability plan

[俄文] План ремонтопригодности

[注释] 规定必须进行的工作及这些工作在何时进行的文件。

475. 维修性预计

[英文] Maintainability prediction

[俄文] Прогнозирование ремонтопригодности

[注释] 为了估计产品在给定的工作条件下的维修性而进行的工作。估计时应考虑到产品各组成部分的设计水平、工艺条件等因素。

476. 维修资源

[英文] Maintenance resource

[俄文] Ресурс технического обслуживания

[注释] 在产品的使用环境中，可用于该产品维修的支援设备、特殊工具、人员、消耗品和备件、技术资料等。

477. 尾撬

[英文] Tailskid

[俄文] Хвостовой костыль

[注释] 又称尾撑，机尾座。加装在飞机尾部的保护设施。当进行最小离地速度、误操作起飞、最大可用速率抬前轮等科目试飞时，由于迎角过大，可用尾撬吸收机尾与地面接触而产生的撞击和摩擦能量。

478. 尾旋

[英文] Spin

[俄文] Вращение

[注释] 旧称螺旋。超过失速迎角以后的一种持续偏航旋转。这种尾旋运动可以能在俯仰、滚转和偏航方向上具有叠加的振荡。

479. 尾翼

[英文] Tail

[俄文] Хвостовое оперение

[注释] 尾翼是飞机尾部的水平尾翼和垂直尾翼的统称，它的作用是保证飞机三个轴的方向稳定性和操纵性。

480. 稳定飞行

[英文] Stabilized flight

[俄文] Стабилизированный полёт

[注释] 依靠惯性稳定装置控制航空器姿态的航空器飞行，例如，用自动驾驶仪控制的飞行。

481. 污染跑道

[英文] Contaminated runway

[俄文] Загрязнённая взлетно-посадочная полоса

[注释] 当要求的跑道长度和宽度内有 25%的跑道表面区域上有以下覆盖物，则该跑道被认为是污染跑道。积水：由大量降水或跑道排水不充分造成，其厚度超过 3 mm。雪浆：含雪的水，用脚跟或脚尖拍击地面时会溅开的雪，密度 0.5 ~ 0.8 kg/L。气温约 5 ℃时会遇到这种情况，其密度约为 0.85 kg/L（7.1 lb/USgal）。湿雪：用手挤紧时会黏在一起并趋于形成或形成一个雪球的雪，密度 0.35 ~ 0.5 kg/L，但不包括 0.5 kg/L，其密度约为 0.4 kg/L（3.35 lb/USgal）。干雪：雪松散时可被吹走，或用手挤紧再放开时会散落的雪，密度 0.35 kg/L 以下，但不包括 0.35 kg/L，其密度约为 0.2 kg/L（1.7 lb/USgal）。压实的雪：已被压成固体的雪，它能抗拒更大挤压，并在拾取时结合在一起或破碎成大块，密度 0.5 kg/L 及以上（典型的摩擦系数为 0.2）。冰：摩擦系数小于等于 0.05 的状态。

482. 物理构型审核 (构型检查)

[英文] Physical configuration audits (PCA)

[俄文] Аудиты физических конфигураций

[注释] 是对产品物理构型的检查，用以验证该产品是否与在关键设计评审中批准的产品控制基线文件定义的物理构型相吻合。PCA 针对硬件和软件构型进行（已编辑）。

483. 物理特性

[英文] Physical performance

[俄文] Физическая характеристика

[注释] 产品的形体特征，如组成成分、尺寸、表面状态、形状、配合、公差、重量等。

X

484. 系统

[英文] System

[俄文] Система

[注释] 系统是由相互作用和相互依赖的若干组成部分（要素）结合而成的、具有特定功能的有机整体。

485. 系统安全性

[英文] System safety

[俄文] Безопасность системы

[注释] 在系统全寿命周期内，在工作效率、适用性、进度和费用的限制条件下，通过应用工程和管理的原则、标准和技术，使得事故风险处于一个可接受的水平。

486. 系统安全性管理

[英文] System safety management

[俄文] Управление безопасностью системы

[注释] 在产品（飞机、系统、软件、硬件等）的全寿命周期内，应用了检验、评估、减轻、持续地跟踪、控制和记录关于环境、安全和人员健康等方面事故风险的所有计划和活动，其中包括制定安全性大纲和安全性计划等安全性管理文件，开展相关的安全性管理活动和进行供应商安全性管理等。

487. 系统安全性评估

[英文] System safety assessment (SSA)

[俄文] Оценка безопасности системы

[注释] 一种为表明系统是否满足相关的安全性要求而对所实现的系统进行系统而综合的评定。

488. 系统定义评审

[英文] System definition review (SDR)

[俄文] Обзор определения системы

[注释] 检查所提议系统结构及设计直至其全部功能单元的评审活动。

489. 系统方法

[英文] Systems approach

[俄文] Системный подход

[注释] 一种系统的、严格的工程方法，可量化、可递归、可迭代、并可重复应用在项目或工程的寿命周期中那些集成为一个整体的系统的开发、运行和维护过程中。

490. 系统工程

[英文] Systems engineering (SE)

[俄文] Системная инженерия разработка систем

[注释] 系统工程指的是把各种（可能是根本不同的）功能和硬件要素放入一个更大的系统中以满足客户需求和要求的一个有序过程。

491. 系统级需求

[英文] System revel Requirements

[俄文] Требования к уровню системы

[注释] 各系统设计团队根据飞机级需求、本系统的行业标准和规范、企业标准和规范和其他系统的相关要求，形成本系统的设计输入。主要内容包括系统概述、功能需求、性能、安全性、可靠性、维修性、安全、环境、适航、外形和体积、重量、电源、原材料、成长性和人为因素需求。

492. 系统集成

[英文] System integration (SI)

[俄文] Интеграция системы

[注释] 以系统工程方法为指导，以需求分解为基础，以下一层集成产品为对象，以满足本级需求为目标，以确认和验证为手段，形成复杂目标产品的过程。

493. 系统集成评审

[英文] System integration review

[俄文] Обзор системной интеграции

[注释] 为保证系统集成已准备就绪，系统部段、部件和子系统已为集成准备就绪，保证集成设施、保障人员、集成规划和技术规程已为集成准备就绪进

行的评审。

494. 系统架构

[英文] System architecture (SA)

[俄文] Архитектура системы

[注释] 把一个系统划分为模块（或单元），使每个模块同其他模块之间具有明确的界面，这样的一种划分，称之为系统架构。

495. 系统需求评审

[英文] System requirements review (SRR)

[俄文] Обзор системных требований

[注释] 为检查系统的功能需求和接口需求定义，检查初步的工程或项目计划，确保需求和选定的概念满足任务要求而进行的评审。

496. 系统验收评审

[英文] System acceptance review (SAR)

[俄文] Обзор приема системы

[注释] 为了验证最终系统产品是否达到期望成熟度水平，其质量和完整性是否满足干系人期望水平而进行的评估活动。

497. 现场指挥部

[英文] Field command post

[俄文] Полевой командный пункт

[注释] 型号项目管理方和试飞管理方在型号试飞现场联合成立的现场指挥机构。主要负责安排试飞取证重点工作，决策影响试飞取证的重点问题，协调资源调度。

498. 详细设计评审

[英文] Details design review (DRR)

[俄文] Анализ (Оценка) эскизного проектирования

[注释] 商用飞机产品全部设计工作完成后，在整机层面检查其设计是否符合产品需求并完整，是否具备进入批生产阶段状态的评估活动。

499. 项目分段计划

[英文] Phased project planning (PPP)

[俄文] Поэтапное планирование проекта

[注释] 将项目全寿命周期按一定的原则分段执行、管理的技术。

500. 项目沟通管理

[英文] Project communication management

[俄文] Управление взаимодействием по проекту

[注释] 项目沟通管理包括为确保项目信息及时恰当地规划、收集、生成、发布、存储、检索、管理、控制、监督和最终处置所需的各个过程。

501. 项目技术评审

[英文] Project technical review (PTR)

[俄文] Технический обзор проекта

[注释] 项目团队内部由技术负责人组织的对于技术成熟度水平状态的评估活动。

502. 项目技术团队

[英文] Project technical team

[俄文] Техническая группа проекта

[注释] 参与项目开发的全部技术团队。

503. 项目进度（计划）

[英文] Project schedule

[俄文] График проекта

[注释] 进度模型的输出，为各个相互关联的活动标注了计划日期、持续时间、里程碑和资源等信息。

504. 项目进度网络图

[英文] Project schedule network diagram

[俄文] Схема сетевого графика проекта

[注释] 项目进度网络图是表示项目进度活动之间的逻辑关系（也叫依赖关系）的图形。

505. 项目日历

[英文] Project calendar

[俄文] Календарь проекта

[注释] 表明进度活动的可用工作日和工作班次的日历。

506. 项目团队

[英文] Project team

[俄文] Проектная группа

[注释] 项目团队包括项目经理，以及为实现项目目标而一起工作的一群人。项目团队包括项目经理、项目管理人员，以及其他执行项目工作但不一定参与项目管理的团队成员。

507. 项目组织图

[英文] Project organization chart

[俄文] Организационная схема проекта

[注释] 以图形方式描述一个具体项目中项目团队成员及其相互关系的文件。

508. 信号调节器

[英文] Signal conditioner

[俄文] Регулятор сигнала

[注释] 信号调节器将来自传感器的信号（电荷、电压、电流、频率、相位或电阻、电容和电感变化量）变换成适于记录器（或采集器）接收的信号。是机载测量系统中传感器与记录器（采集器）之间电子匹配装置的总称。

509. 信号转换器

[英文] Signal converter

[俄文] Преобразователь сигнала

[注释] 将一种表示信息的电量转换成另一种表示同样信息的电量的器件。

510. 型号构型

[英文] Type configuration

[俄文] Конфигурация типа

[注释] 是与型号合格证所对应的该型别飞机设计构型状态的定义和表述。

511. 性能

[英文] Performance

[俄文] Характеристика

[注释] 与完成某一操作或功能相关的、描述物理特性或功能特性的定量度

量，如数量（多少）、质量（怎么样）、广度（面积多大，距离多远）、及时性（如何响应、频率多少）、完好状态（可用性、任务/操作的就绪情况）。

512. 需求

[英文] Requirement

[俄文] Требование

[注释] 技术规范中可识别的元素，该元素能够被确认，且可以相对该元素的实施而进行验证。

513. 需求

[英文] Requirements

[俄文] Требования

[注释] 需求是产品或服务的可识别和强制性特征的一种描述。

514. 需求分配表

[英文] Requirements allocation sheet

[俄文] Таблица распределения требований

[注释] 描述功能分配、性能分配和物理系统关联关系的文档。

515. 需求跟踪矩阵

[英文] Requirements traceability matrix

[俄文] Матрица прослеживаемости требований

[注释] 把产品需求从其来源连接到能满足需求的可交付成果的一种表格。

516. 需求工程

[英文] Requirements engineering (RE)

[俄文] Разработка требований

[注释] 系统工程重要的方面是需求分析和分配，与其对应的学科称作"需求工程"。

517. 需求管理

[英文] Requirements management (RM)

[俄文] Управление требованиями

[注释] 在产品的全寿命周期中，需求管理以可追溯的、一致的、相关的和可验证的方式，对需求及其相关文件进行引用、识别、开发、管理和控制。需

求管理通过对更改的分配、验证、调整和控制，来确保解决方案满足相关方的需求和期望。

518. 需求管理规划

[英文] Requirements management plan

[俄文] План управления требованиями

[注释] 项目或工程管理规划的组成部分，描述将如何分析、记录和管理需求。

519. 需求管理流程

[英文] Requirements management process

[俄文] Процесс управления требованиями

[注释] 用于管理从所有干系人的期望、客户需求、技术产品需求到最低层次的产品部件需求的流程。

520. 需求模型

[英文] Requirements model (RM)

[俄文] Модель требований

[注释] 完全或部分地表现出抽象度要求的模型。

521. 需求确认

[英文] Requirements validation (RV)

[俄文] Утверждение требований

[注释] 确定对产品的需求是正确和完整的。

522. 需求验证

[英文] Requirements verification (RV)

[俄文] Проверка требований

[注释] 对要求的实施过程进行评估，以确定是否已满足这些要求。

523. 选项

[英文] Option

[俄文] Опция

[注释] 指用于定义一款特定飞机的性能、功能、设备或服务，并且这些内容主制造商可提供给客户进行客户化构型配置。

524. 选项定义

[英文] Option definition

[俄文] Определение опций

[注释] 指对选项进行唯一标识和描述的过程，选项定义内容主要包括：选项编号、选项描述、相关产品数据或其他信息的描述。

525. 选项清单

[英文] Option list

[俄文] Список опций

[注释] 是指供客户选择的选项编号及名称的简要汇总，用于提供给客户进行客户化选择的清单。

526. 选项特征约束

[英文] Option characteristic restriction

[俄文] Ограничения опционных характеристик

[注释] 一组选项之间的约束关系，主要分为以下四大类：① 必选其一（Required，select one）：该选项特征为必选，但只能从两个以上选项中选择一个选项；② 可选（Optional）：该选项特征为可选，并且该选项特征下仅有一个选项；③ 可选其一（Optional，select one）：该选项特征为可选，但只能从两个以上选项中选择一个选项；④ 可选一个或多个（Optional，select one or more）：该选项特征为可选，如选择该选项特征，必须选择一个或一个以上的选项，如确定数量或其他要求，可补充说明。

527. 眩光

[英文] Glare

[俄文] Блики

[注释] 一定强度的光照射到飞行员眼睛，引起飞行员视觉感受性降低或者降低目标可见性，这种现象称为炫目现象或眩目效应。引起眩目效应的光称为眩光。

528. 巡航

[英文] Cruise

[俄文] Крейсерский режим

[注释] 速度接近定常，经济性较好，可长时间连续进行的一种飞行状态。

Y

529. 研发试飞

[英文] Development flight test

[俄文] Опытные лётные испытания

[注释] 为使飞机及其系统和机载设备符合型号合格审定试飞状态而进行的飞行试验。

530. 研制保证

[英文] Development assurance

[俄文] Обеспечение разработки

[注释] 在足够的置信度水平下，所有用于证明要求、设计和实施中的错误已经被识别和纠正，从而系统能够满足可适用的认证基准而采取的有计划的系统措施。

531. 研制试飞

[英文] Developmental flight test

[俄文] Летныеиспытания на развитие

[注释] 研制试飞是商用飞机适航申请人自行组织的，对所设计的产品进行飞行性能和使用安全性的试飞活动。

532. 研制试飞阶段

[英文] Development flight test phase

[俄文] Этап опытных лётных испытаний

[注释] 研制试飞阶段是指飞机从总装下线交付试飞到取得首个 TIA 前飞行的阶段，其中又包括首飞前滑行试验、首飞及研制试飞。根据实际情况需要，研制试飞可分阶段执行。

533. 衍生需求

[英文] Derived rquirements

[俄文] Производные требования

[注释] 研制过程期间，由设计或实施的决策所引起的附加需求，但这些衍生需求不能直接追溯到更高层次的需求。

534. 验证

[英文] Verification

[俄文] Верификация

[注释] 对需求的实施过程进行评估，以确定是否已满足这些需求。(是否已确立了正确的飞机/系统/功能/项目)

535. 验证 (产品)

[英文] Verification (of a product)

[俄文] Верификация (продукта)

[注释] 符合规范的证明。验证的手段有试验、分析、演示或其组合。

536. 验证矩阵

[英文] Verification matrix (VM)

[俄文] Матрица верификации

[注释] 一种常用的显示每一条需求及其对应的验证方法和结果的二维表单。验证矩阵是确认需求符合性的重要载体。

537. 验证试飞

[英文] Certification flight test

[俄文] Сертификационные лётные испытания

[注释] 验证试飞是商用飞机适航申请人组织，适航当局参与并控制的飞行试验。

538. 验证试飞阶段

[英文] Certification flight test phase

[俄文] Этап сертификационных лётных испытаний

[注释] 验证试飞阶段是指自取得首个 TIA 后第一次飞行开始，至最后一个 TIA 飞行结束的阶段。在验证试飞阶段可穿插研制试飞科目。

539. 验证与确认

[英文] Verification and validation (V&V)

[俄文] Верификация и валидация

[注释] 也称"双 V 过程"，是先自上而下地将顶层需求层层分解到产品实现的最低层级，并确保需求的追溯性之后，再自下而上地将产品制造集成并通过验证手段确认所有需求已经满足的过程。该过程被国际商用飞机企业普遍采用并且是适航当局规定的符合性验证和技术管理方法。

540. 遥测参数

[英文] Telemetry parameter

[俄文] Телеметрический параметр

[注释] 遥测系统所测量和传输的被测对象的参量和信息。

541. 遥测大纲

[英文] Telemetry program

[俄文] Телеметрическая программа

[注释] 遥测系统参加飞行试验的纲领性、协调性文件。全面规定遥测系统的技术状态，实验测量任务与要求，是试验实施单位组织飞行试验，进行数据处理的依据。

542. 遥测系统

[英文] Telemetry system

[俄文] Телеметрическая система

[注释] 在飞行试验中，采用无线电通信技术将测得的试验数据发送到地面进行记录、显示、监控及数据处理的整套设备。

543. 遥测站

[英文] Telemetry station

[俄文] Телеметрическая станция

[注释] 用于接收、记录、处理飞行器遥测信息，并以不同形式提供中间或最终结果的设施。

544. 液压系统

[英文] Hydraulic system

[俄文] Гидравлическая система

[注释] 液压系统的作用为通过改变压强增大作用力。一个完整的液压系统由五个部分组成，即动力元件、执行元件、控制元件、辅助元件（附件）

和液压油。液压系统可分为两类：液压传动系统和液压控制系统。液压传动系统以传递动力和运动为主要功能；液压控制系统则要使液压系统输出满足特定的性能要求（特别是动态性能），通常所说的液压系统主要指液压传动系统。

545. 一般试验

[英文] General test

[俄文] Общие эксперименты

[注释] 商用飞机项目中，除大型试验以外的试验项目。

546. 仪表飞行

[英文] Instrument operation

[俄文] Полётпо приборам

[注释] 航空器按照仪表飞行规则、飞行计划进行的飞行，或者有航站管制设施或空中航路交通管制中心提供仪表飞行规则航空器间隔距离的飞行。

547. 仪表飞行规则

[英文] Instrument flight rules (IFR)

[俄文] Правила полета по приборам

[注释] 气象条件低于目视飞行的最低条件时，飞行员必须遵循的按仪表飞行的规则。

548. 仪表进近

[英文] Instrument approach

[俄文] Заход на посадку по приборам

[注释] 又称仪表进场。当能见度低于 3 mile 和（或）云底高度处于或低于最小初始高度时，按照仪表飞行规则飞行计划飞行的航空器，向机场意图着陆的进近。

549. 已控制基线

[英文] As-deployed baseline

[俄文] Как развернутая база

[注释] 指研制阶段的数据达到一定的成熟度经过各方确认或评审通过后，即可进行构型控制的状态，达到冻结状态后的所有变更将写入技术文档被记录。

550. 已确认需求

[英文] Validated requirements

[俄文] Утвержденные требования

[注释] 经过良好定义的（清晰去歧义）、完整的（与客户和干系人的需要和期望相符）、一致的（无冲突），以及可个别验证和追溯到更高层次需求或系统目标的一组需求。

551. 有效跑道长度

[英文] Effective runway length

[俄文] Эффективная длина взлетно-посадочной полосы

[注释] 起飞的有效跑道长度，指从开始起飞的跑道端头到跑道另一端头的相关越障飞行高度面与跑道中心线的相交点的距离；着陆的有效跑道有效长度，指从跑道进近端的相关越障飞行高度面同跑道中心线的相交点到跑道远端的距离。

552. 有效性

[英文] Effectivity

[俄文] Эффективность

[注释] 一种定义产品范围的标识，例如特定产品构型所对应的、或者当对特定产品进行更改时，更改生效的或受影响的、或者某种产品变化所对应的产品序列号、批号、型号、日期或事件。

553. 预处理

[英文] Preprocessing

[俄文] Предварительная обработка

[注释] 在进行数据处理之前，对原始数据进行整理、剪辑、打标记、消除缺陷等加工过程。

554. 预发展阶段

[英文] Pre-development phase

[俄文] Этап предварительной разработки

[注释] 商用飞机研制流程中的一个阶段。包含联合概念定义和初步设计阶段。

555. 云高

[英文] Vertical height

[俄文] Высота облаков

[注释] 又称云底高度。云或遮暗现象的最底层距地面的高度。遮暗现象用"裂云""阴云"或"遮暗"表示，而不用"厚薄"或"局部"表示。

556. 云量

[英文] Cloud amount

[俄文] Количество облаков

[注释] 云遮蔽天空视野的成数。

557. 运行准备（状态）评审

[英文] Operational readiness review (ORR)

[俄文] Проверка готовности к эксплуатации

[注释] 用于考核实际系统特征及系统或产品运行使用的技术规程，并确保所有系统和（飞行、地面）保障硬件、软件、人员、技术规程、用户文档能精确反映系统的部署状态而进行的评估活动。

Z

558. 载重平衡图

[英文] Weight and balance manifest

[俄文] Декларация о загрузке и центровке

[注释] 载重平衡图是反映航班飞机重量重心数据、装载数据的真实情况，是一份非常重要的随机业务文件和存档文件。

559. 责任分配矩阵

[英文] Responsibility assignment matrix (RAM)

[俄文] Матрица распределения ответственности

[注释] 一种展示项目资源在各个工作包中的任务分配的表格。

560. 增重风险

[英文] Weight pressure

[俄文] Весовое давление

[注释] 引起飞机重量增加的各种潜在因素。

561. 账户编码

[英文] Code of accounts

[俄文] Код счётов

[注释] 用于唯一地识别工作分解结构每个组件的编号系统。

562. 整体试飞计划

[英文] Overall flight-test plan

[俄文] Общий план летных испытаний

[注释] 所有试飞计划的总成，包括：取证试飞计划、年度试飞计划、月度试飞计划以及试飞准备工作计划。

563. 支持人员

[英文] Support staff

[俄文] Вспомогательный персонал

[注释] 支持人员是可以轮换或根据现场工作需要阶段性派驻外场，承担试验试飞工作具体任务的人员。

564. 支线客机

[英文] Regional airliner (or feeder liner)

[俄文] Региональный пассажирский самолет

[注释] 商用飞机的一种。通常可指载客量少于 100 人，航程 3 000 公里以下，执行国内大城市与中小城市或中小城市之间区域内固定航线旅客运输的商用飞机。

565. 支援设备需求分析

[英文] Support equipment requirement analysis

[俄文] Анализ требований к вспомогательному оборудованию

[注释] 在飞机支援性分析中提出飞机使用、维修对地面支援设备需求的过程。需求分析的结果形成支援设备需求分析报告。

566. 执行组织

[英文] Performing organization

[俄文] Исполняющая организация

[注释] 其人员最直接地参与项目或工程工作的机构。

567. 制造构型

[英文] As-built

[俄文] Как построенный

[注释] 产品正式下线时的结构状态。

568. 制造构型数据

[英文] Manufacture configuration documentation

[俄文] Документация конфигурации производства

[注释] 制造构型数据是指试验对象制造过程产生的构型数据，通常包括：① 试验件或试验机相关的制造要求文件、工艺文件等；② 试验件或试验机相关的故障拒收单清单；③ 试验件或试验机相关的代料单清单；④ 试验件或试验机相关的保留项目清单等。

569. 制造空机重量

[英文] Manufacturer's empty weight (MEW)

[俄文] Пустой вес от производителя

[注释] 制造空机重量包括结构、动力装置、内部设备、系统和其他一些属于某一具体飞机构型组成部分的重量（实际值"干"重，既仅仅包括封闭系统中液体的重量）。

570. 制造顺序号

[英文] Manufacturing serial number (MSN)

[俄文] Производственный серийный номер

[注释] 生产制造部门可根据制造和装配计划以及出厂顺序为每架飞机分配一个唯一的制造用标识号，该标识号称为制造顺序号，制造顺序号又可称为制造流水号。

571. 制造准备评审

[英文] Manufacturing readiness review (MRR)

[俄文] Проверка готовности к производству

[注释] 对商用飞机产品批生产制造所需的工作准备状态进行的评估活动，通常作为详细设计评审的输入之一。

572. 质量分布

[英文] Mass distribution

[俄文] Распределение массы

[注释] 建立飞机网格模型并计算分布在各网格内的重量、重心和惯量。

573. 滞后量

[英文] Lag

[俄文] Запаздывание

[注释] 相对于紧前活动，紧后活动需要推迟的时间量。

574. 中断进近

[英文] Missed approach

[俄文] Прерываниезахода на посадку

[注释] 由于以下原因未完成着陆的仪表进近：在批准的最低气象条件下未实现目视接地；或因其他原因未完成着陆；或根据空中交通管制部门的指令。

575. 中断起飞

[英文] Aborted takeoff

[俄文] Прерванный взлёт

[注释] 由于任何原因而必须不再继续的起飞。

576. 重复故障

[英文] Repeated fault

[俄文] Повторныйотказа

[注释] 同一种产品在同样的或等效的使用方式中出现两次或两次以上的故障，且引起这些故障的基本机理相同。

577. 重量

[英文] Weight

[俄文] Вес

[注释] 在地心引力的作用下，飞机所具有的向下的、指向地心的力的大小。

578. **重量工程**

[英文] Weight engineering

[俄文] Весовая техника

[注释] 飞机研制过程中，负责重量估算、指标分解、质量分布计算、设计与制造重量管控等与重量专业，因其牵扯专业广且贯穿飞机型号研制的全寿命，统称为重量工程。（中国商飞用语）

579. **重量工程办公室**

[英文] Weight engineering office (WEO)

[俄文] Отдел весовой техники

[注释] 重量工程办公室是在重量管理委员会和重量工程委员会的具体办事机构，在重量工程委员会的领导和授权下开展重量控制的相关工作。

580. **重量工程师**

[英文] Weight engineer (WE)

[俄文] Инженер-весовщик

[注释] 重量工程师是指从事重量工程专业的设计研究人员。

581. **重量工程团队**

[英文] Weight engineering team

[俄文] Группа весового проектирования

[注释] 重量工程团队是以各设计研究部为团队单位组建，每个团队在重量工程委员会的领导和重量工程办公室的指导下，负责协调处理各团队在飞机从设计到制造过程中所有重量控制的相关工作。（中国商飞用语）

582. **重量工程委员会**

[英文] Weight engineering board (WEB)

[俄文] Комиссия по весовой технике

[注释] 重量工程委员会由重量管理委员会批准建立，全面负责飞机的重量控制工作，包括制定重量控制工作计划及重量控制要求及规定、重量管理及控制工作的定期检查等。

583. **重量公差**

[英文] Weight tolerance

[俄文] Допуск по весу

[注释] 飞机零组部件的实际制造重量与理论重量的允许变动量。

584. 重量管理委员会

[英文] Weight management board (WMB)

[俄文] Комиссия по управлению весом

[注释] 重量管理委员会是飞机重量工程工作的最高决策机构，全面规划和负责飞机的重量工程工作，主要包括构建飞机的重量工程的组织体系、建立重量控制的顶层管理体系文件、确定飞机主要重量指标、决策将导致主要重量指标更改的技术方案等。

585. 重量平衡手册

[英文] Weight and balance manual (WBM)

[俄文] Руководство по центровке и загрузке

[注释] 制造商向航空公司传递飞机重量和平衡数据的手册，其中含有航空公司重量工程师和其他有关人员可以分析和确定航空公司使用的重量和平衡程序。

586. 重心

[英文] Centre of gravity (CG)

[俄文] Центр тяжести

[注释] 飞机各部分重力合力的着力点。

587. 重心后极限

[英文] Aftcglimit

[俄文] Предельно-задняя центровка

[注释] 为保证飞机具有足够的稳定性而要求飞机重心不超过某一后重心位置，这一重心就是飞机的重心后极限。

588. 重心前极限

[英文] Forwardcglimit

[俄文] Предельно допустимая передняя центровка

[注释] 为保证飞机具有足够的操纵性而要求飞机重心不超过某一前重心位置，这一重心就是飞机的重心前极限。（中国商飞用语）

589. 重心自动调节控制系统

[英文] Automatic adjust and control system

[俄文] Автоматическая система регулировки и управления

[注释] 在重心包线扩展试飞中，用于进行飞机前后重心调节的设备、仪器和设施。

590. 主最低设备清单

[英文] Master minimum equipment list (MMEL)

[俄文] Основной перечень минимального оборудования

[注释] 一种设备和功能清单，只要保证在机型适航审定时所规定补偿保护措施的基础上，这些设备或功能的不工作不会对飞机的持续安全飞行与着陆产生影响。

591. 专用地面支援设备

[英文] Specially designed GSE

[俄文] Специальное оборудование наземного обслуживания

[注释] 专用地面支援设备是为保障某一特定飞机机型或机型系列而设计的地面支援设备。

592. 转场飞行

[英文] Ferry flight

[俄文] Перегоночный полёт

[注释] 为将航空器返回基地或飞往和飞离其他基地的飞行。在某种情况下，按照特许飞行进行转场飞行。

593. 转动惯量

[英文] Moment of inertia

[俄文] Момент инерции

[注释] 飞机做转动运动时其惯性的度量。

594. 状态重量

[英文] Status weight

[俄文] Вес на состояния

[注释] 状态重量能反映飞机在各设计阶段的重量，并能动态反映飞机重量

变化情况。

595. 着陆后限

[英文] Aft limit for landing

[俄文] Предельно-заднее положение для посадки

[注释] 飞机在着陆阶段要求不超过某一后重心位置，这一重心就是飞机的着陆后限。

596. 着陆进场

[英文] Landing approach

[俄文] Заход на посадку

[注释] 又称着陆进近。飞机着陆接地前在空中对准跑道的下滑段。

597. 着陆前限

[英文] Forward limit for landing

[俄文] Предельно допустимое переднее положение для посадки

[注释] 飞机在着陆阶段要求不超过某一前重心位置，这一重心就是飞机的着陆前限。

598. 资源分解结构

[英文] Resource breakdown structure (RBS)

[俄文] Иерархическая структура ресурсов

[注释] 资源依类别和类型的层次展现。

599. 资源平衡

[英文] Resource leveling

[俄文] Выравнивание ресурсов

[注释] 为了在资源需求与资源供给之间取得平衡，根据资源制约对开始日期和结束日期进行调整的一种技术。

600. 资源日历

[英文] Resource calendar

[俄文] Календарь ресурсов

表明每种具体资源的可用工作日或工作班次的日历。

601. 资源优化技术

[英文] Resource optimization technology

[俄文] Технология оптимизации ресурсов

[注释] 资源优化技术是根据资源供需情况，来调整进度模型的技术，包括（但不限于）资源平衡和资源平滑。

602. 子系统级需求

[英文] Subsystem level requirements (SLR)

[俄文] Требования к уровню подсистемы

[注释] 各子系统设计团队根据系统级需求、本专业的行业标准和规范、企业标准和规范和其他系统的相关要求，形成本子系统的设计输入。主要内容包括系统概述、功能需求、性能、安全性、可靠性、维修性、安全、环境、适航、外形和体积、重量、电源、原材料、成长性和人为因素需求。复杂系统可将系统分解为若干子系统，形成子系统级需求，简单系统不必形成子系统需求。

603. 自由浮动时间

[英文] Free float

[俄文] Свободно плавающее время

[注释] 在不延误任何紧后活动最早开始日期或违反进度制约因素的前提下，某进度活动可以推迟的时间量。

604. 总浮动时间

[英文] Total float (TF)

[俄文] Общий поплавок времени

[注释] 在不延误项目完成日期或违反进度制约因素的前提下，进度活动可以从其最早开始日期推迟或拖延的时间量。

605. 总航迹

[英文] Gross flight path

[俄文] Полная траектория полета

[注释] 起飞总航迹是指从离起飞面 35 ft 起到起飞飞行航迹终点为止，飞机实际飞过的航迹。

606. 总装推出

[英文] Roll out (RO)

[俄文] Выкатка

[注释] 商用飞机产品研发流程重要节点之一，标志飞机产品总体集成完毕，准备进入整机测试和试飞活动（经整合）。

607. 总装线

[英文] Final assembly line (FAL)

[俄文] Линия окончательной сборки

[注释] 将飞机各部段及系统最终集成装配在一起的生产流水线。

608. 纵轴

[英文] Longitudinal axis

[俄文] Продольная ось

[注释] 也叫俯仰轴，从机头到机尾的轴。

609. 组织分解结构

[英文] Organizational breakdown structure (OBS)

[俄文] Организационная структура

[注释] 对项目组织的一种层级描述，展示了项目活动与执行这些活动的组织单元之间的关系。

610. 组织过程资产

[英文] Organizational process assets

[俄文] Активы организационного процесса

[注释] 执行组织所特有的并被其使用的计划、流程、政策、程序和知识库。

611. 组织级项目管理成熟度

[英文] Organizational project management maturity

[俄文] Уровень развития управления организационными проектами

[注释] 一个组织以可预期、可控制和可靠的方式，实现期望的战略结果的能力水平。

612. 最悲观持续时间

[英文] Pessimistic duration

[俄文] Наиболее пессимистичная продолжительность

[注释] 考虑了可能对结果产生影响的所有已知变量，而得到的最长的活动持续时间估算。

613. 最大滑行重量

[英文] Maximum taxi weight (MTW)

[俄文] Максимальный вес при рулении

[注释] 最大滑行重量是受飞机强度和适航标准限制的地面机动的最大重量。它由飞机滑行、准备起飞的燃油重量和最大起飞重量组成。（中国商飞用语）

614. 最大可用燃油重量

[英文] Maximum usable fuel weight (MUFW)

[俄文] Максимальный вес используемого топлива

[注释] 最大可用燃油重量是飞机燃油重量减去不可用燃油重量。

615. 最大零油重量

[英文] Maximum zero fuel weight (MZFW)

[俄文] Максимальный вес без топлива

[注释] 最大零油重量是受飞机强度和适航标准限制的，是使用空机重量加上最大商载，无可用燃油的最大重量。

616. 最大起飞重量

[英文] Maximum takeoff weight (MTOW)

[俄文] Максимально допустимый взлётный вес

[注释] 最大起飞重量是受飞机强度和适航标准限制的最大重量，即在起飞滑跑开始时的最大重量，也称最大松刹车重量。它由使用空机、标准商载和设计燃油组成。

617. 最大燃油重量

[英文] Maximum fuel weight (MFW)

[俄文] Максимальный вес топлива

[注释] 最大燃油重量是飞机油箱能允许的最大燃油量，包括可用的和不可用的燃油量。

618. 最大容许装载

[英文] Maximum permissible load

[俄文] Максимально допустимая нагрузка

[注释] 飞机上具有储放功能的部位如货舱、衣帽间和厨房等由于受自身强度和容积等因素的限制所允许的最大装载重量。

619. 最大商载

[英文] Maximum payload (MPL)

[俄文] Максимальная полезная нагрузка

[注释] 最大商载是最大零油重量减去使用空机重量。

620. 最大着陆重量

[英文] Maximum landing weight (MLW)

[俄文] Максимальный посадочный вес

[注释] 最大着陆重量是受飞机强度和适航标准限制的着陆最大重量。它由使用空机、最大商载和余油组成，处于最大允许起飞重量和最大零油重量之间。

621. 最低设备清单

[英文] Minimum equipment list (MEL)

[俄文] Перечень минимального оборудования

[注释] 一种经批准的产品清单，单内所列的产品在规定的条件下飞行可以不工作，该清单由运营商与适航当局制定。

622. 最可能持续时间

[英文] Most likely duration (MLD)

[俄文] Наиболее вероятная продолжительность

[注释] 考虑了可能对结果产生影响的所有已知变量，而得到的最可能的活动持续时间估算。

623. 最乐观持续时间

[英文] Optimistic duration

[俄文] Оптимистическая продолжительность

[注释] 考虑了可能对结果产生影响的所有已知变量，而得到的最短的活动持续时间估算。

624. 最晚开始日期

[英文] Late start date (LS)

[俄文] Дата позднего начала

[注释] 在关键路径法中，基于进度网络逻辑、项目完成日期和进度制约因素，进度活动未完成部分可能的最晚开始时点。

625. 最晚完成日期

[英文] Late finish date (LF)

[俄文] Самая поздняя дата окончания

[注释] 在关键路径法中，基于进度网络逻辑、项目完成日期和进度制约因素，进度活动未完成部分可能的最晚完成时点。

626. 最小离地速度

[英文] Minimum unstick speed

[俄文] Минимальная скорость отрыва

[注释] 在等于或高于该速度时，在全发工作或一发失效情况下飞机能安全离地并继续起飞，不会出现机尾触地的危险。

627. 最小速度

[英文] Minimum speed

[俄文] Минимальная скорость

[注释] 又称最小平飞速度。能维持飞机等速水平直线飞行的最低速度。

628. 最小重量

[英文] Minimum weight (MW)

[俄文] Минимальный вес

[注释] 最小重量是由飞机强度与适航要求限制的飞行最小重量，由基本空机重量、最少机组人员、最少余油组成。

629. 最早开始日期

[英文] Early start date (ES)

[俄文] Самая ранняя дата начала

[注释] 在关键路径法中，基于进度网络逻辑、项目完成日期和进度制约因素，某进度活动未完成部分可能开始的最早时点。

630. 最早完成日期

[英文] Early finish date (EF)

[俄文] Самая ранняя дата завершения

[注释] 在关键路径法中，基于进度网络逻辑、项目完成日期和进度制约因素，某进度活动未完成部分可能完成的最早时点。

商务管理术语

B

1. BFE 初步设计审核会议

[英文] BFE primary design review

[俄文] Собрание Обзора основного проекта

[注释] 在设计制造阶段，针对 BFE 进行的初步评审会。供应商、客户和飞机制造商参与。

2. BFE 关键设计审核会议

[英文] BFE critical design review

[俄文] Собрание Обзора ключевого проекта

[注释] 在设计制造阶段，针对 BFE 进行的关键评审会。供应商、客户和飞机制造商参与。

3. 半寿状态

[英文] Half-life

[俄文] Период до момента выкупа половины стоимости выпущенных облигаций

[注释] "半寿状态"的含义并不是"使用寿命的一半"，指的是在价值评估时不考虑飞机的实际维修状态。这样使得在不同的机型和机龄之间，可以进行价值比较，不受维修状态的影响。"半寿状态"假设飞机的机体、发动机、起落架和所有主部件处于两次大修的中期，所有时限件（Life limited parts）使用到寿命的一半。

4. 包机

[英文] Charter

[俄文] Чартер

[注释] 承运人根据与包机人所签订的包机合同，按约定的起飞时间、航线所进行的运输飞行。包机按包用形式划分，可分为整机包用、全座舱包用和部分舱位、部分座位的包用等。

5. 包装

[英文] Packing

[俄文] Упаковка

[注释] 是在流通过程中保护产品、方便储运、促进销售，按一定技术方法而采用的容器、材料及辅助等手段的总体名称，以及为达到上述目的而进行的操作。

6. 保付代理

[英文] Delcredere agent

[俄文] Агент делькредере

[注释] 指承担有信用的代理。若它介绍的买方无力付款或撕毁合同，则由该代理商负责赔款。一般来说，保付代理要收取较高的佣金。

7. 保密协议

[英文] Confidentiality agreement

[俄文] Соглашение о конфиденциальности

[注释] 当私募投资者对企业产生兴趣，需要进一步深层次了解企业，确认投资意向时，为了保护企业的利益不受侵害，在私募投资者了解企业商业秘密时所签订的商业机密保密协议称为私募保密协议。

8. 保税区

[英文] Bonded zones

[俄文] бондовая зона

[注释] 又称保税仓库区，是海关所设置的或经海关所批准注册的，受海关监督的铁定地区和仓库，外国商品存入保税区内，可以暂时不缴纳进口税；如再出口，不缴纳出口税；如要运进所在国的国内市场，则经办理报关手续，缴纳进口税。

9. 备份油政策

[英文] Reserve fuel policy

[俄文] Политика запаса топлива

[注释] 飞机必须携带符合适航要求的备份油，这将影响飞行重量，从而对飞机的轮挡性能产生影响。备份油一般要考虑三部分要求：在目的地机场上空等待着陆用油，飞往备降机场的用油，以及航线机动油。

10. 本票

[英文] Promissory note

[俄文] Вексель

[注释] 本票又称期票，是出票人约定于见票时或于一定日期，向受款人或其指定人支付一定金额的无条件的书面承诺。

11. 比较优势 (国际贸易中的)

[英文] Comparative advantage

[俄文] Сравнительное преимущество

[注释] 比较优势法则指出：一国专门生产和出口那些该国能以相对低的成本生产的商品，并进口那些自己生产成本相对高的商品。由此可见，是比较优势而不是绝对优势在影响贸易格局。

12. 壁垒

[英文] Barrier

[俄文] Барьер

[注释] 壁垒在现代社会的应用，多体现在市场营销中。固有"进入壁垒"的说法。所谓进入壁垒，是指行业外其他厂商为进入该行业而必须付出的最小代价。

13. 边际收益

[英文] Marginal benefit

[俄文] Пограничная выгода

[注释] 指增加一单位产品的销售所增加的收益，即最后一单位产品的售出所取得的收益。

14. 边缘化

[英文] Marginalization or deculturation

[俄文] Маргинализация

[注释] 人们不仅失去自己原有的文化身份，而且与广大社会失去了心理联系。

15. 编码

[英文] Encoding

[俄文] Кодировка

[注释] 是指将思想转换成代码的行为过程。

16. 变动成本

[英文] Variable cost

[俄文] Изменяющая себестоимость

[注释] 指那些成本的总发生额在相关范围内随着业务量的变动而呈线性变动的成本。

17. 标价/要价

[英文] Asking price

[俄文] Просящая цена

[注释] 卖主向买主提出所售货物的价格。

18. 标准规范

[英文] Standard specification

[俄文] Стандартная спецификация

[注释] 标准规范是一份描述基本构型飞机的合同文件，是包含产品要求和性能要求的最高等级文件，内容包括飞机的基本外形尺寸、地板承重强度、客舱容积、设计重量、设计速度以及机载系统等等。飞机标准规范内容的编排顺序一般与美国航空运输协会（ATA）对机务工程系统的编号一致，每个章节都有统一的格式。

19. 补偿贸易

[英文] Compensation trade

[俄文] Компенсирующая Сделка

[注释] 指当进口商与出口商达成协议，以互换特定商品作为互相支付的方式。

20. 不规则需求

[英文] Irregular demand

[俄文] Нерегулярный спрос

[注释] 指市场对某些产品的需求在不同季节、不同日期、同一天的不同钟点呈现出很大波动的状况。

21. 不可撤销信用证

[英文] Irrevocable L/C

[俄文] Безотзывный аккредитив

[注释] 指开证行对它所出的信用证，在有效期内未经受益人同意，不得撤销和修改信用证。只要受益人履行了信用证规定的条件，即使开证人破了产，开证行也必须履行付款义务。

22. 不足额保险

[英文] Under insurance

[俄文] Страхование недостаточной суммы

[注释] 指保险金额低于保险价额的保险。

C

23. 财务总监

[英文] Chief financial office (CFO)

[俄文] Финансовый контролер

[注释] 是企业管理阶层中仅次于总经理这一级别的核心职位。

24. 餐饮费

[英文] Catering cost

[俄文] Расходы на питание

[注释] 在直接运行成本中与旅客餐饮服务相关的成本，通常是航线距离与餐位等级的函数。

25. 残值

[英文] Residual value

[俄文] Остаточная стоимость

[注释] 残值指的是飞机、发动机或其他资产项目在未来某一日期的价值。按照这一定义，预测的飞机基本价值，就是相应日期飞机的残值。

26. 仓储管理

[英文] Warehousing management

[俄文] Управление хранением на складе

[注释] 是对库存物品和仓库设施及其布局等进行规划、控制的活动。

27. 产品数据管理

[英文] Product data management (PDM)

[俄文] Управление данными изделий

[注释] 用来管理所有与产品相关的信息（包括零件信息、构型、文档、CAD文件、结构、权限信息等）和所有与产品相关过程（包括过程定义和管理）的技术。

28. 产品线扩展

[英文] Line extension

[俄文] Линейное расширение

[注释] 指企业现有的产品线使用同一品牌，当增加该产品线的产品时，仍沿用原有的品牌。

29. 产品责任

[英文] Product liability

[俄文] Ответственность изделия

[注释] 由产品缺陷导致消费者、使用者或第三人人身、财产损害时，该产品的生产者或销售者所应承担的责任。

30. 超额供给

[英文] Excess supply

[俄文] Избыточное обеспечение

[注释] 一般来讲，均衡状态下供给等于需求。假如供给大于需求，市场处于非出清（非均衡）状态，此时供给比需求多的部分叫超额供给。

31. 超售

[英文] Oversale

[俄文] Надпродажи（продажа，превышающая возможности поставки）

[注释] 当机票销售的数额大于飞机的实际座位数，并且出现了实超时，即

飞机旅客人数超过了飞机实际座位数，出现了拒载的情况。

32. 成本工程

[英文] Cost engineering

[俄文] Инженерия по себестоимости

[注释] 成本工程是为实现定费用设计目标而开展的工程方面的成本控制系列工作。

33. 成本加运费

[英文] Cost and freight (CFR)

[俄文] Стоимость и фрахт

[注释] 指在装运港货物越过船舷卖方即完成交货，卖方必须支付将货物运至指定目的地港所需的运费和费用，办理出口清关手续。该术语仅适用于海运和内河航运。

34. 成本价

[英文] Cost price

[俄文] Себестоимость

[注释] 成本价就是商品取得的价值。如果是自己生产的商品，其成本价包括转移到商品里的原材料、工人工资、应该分摊的折旧费、生产管理人员工资、水电费、维修费等；如果是购进的商品，成本价即商品的购进价值。某些时候也称出厂价。

35. 成本签图

[英文] Cost approve

[俄文] Одобрение стоимости

[注释] 对飞机数模图样成本信息审签要求，用于飞机项目的单机成本控制管理工作。飞机产品数据的成本审签是飞机成本控制的基本要求，成本指标是飞机产品数据成本信息审签的依据。

36. 成本中心

[英文] Cost center

[俄文] Центре по себестоимости

[注释] 是指可以对其所耗用的资源进行衡量的责任中心。

37. 成熟市场

[英文] Mature market

[俄文] Зрелый рынок

[注释] 是与新兴市场相对而言的高收入国家或地区的股市。

38. 承兑交单

[英文] Document against acceptance (D/A)

[俄文] Документ против акцепта

[注释] 买方承兑汇票后可代收行取货运单据，待汇票到期时再汇款。

39. 城市对

[英文] City-to-city pairs

[俄文] Пары городов

[注释] 客票或客票的一部分所规定的可以在其间旅行的两个城市，或者根据货运舱单或货运舱单的一部分所规定的在其间进行货运的两个城市。

40. 城市对航线网络

[英文] City-to-city network/Point-to-point network

[俄文] Сеть город-город

[注释] 又被称为点对点航线网络。这种航线网络中的航线是指从各个城市自身的需求出发，建立的城市与城市间的直飞航线，旅客不需要经过第三个机场（或城市）进行中转，且航线间安排航班时也无须考虑衔接问题。

41. 城市对运量

[英文] City-to-city traffic volume

[俄文] Объем трафика между парой городов

[注释] 航线上各城市对之间运送的收费旅客和货邮数量。

42. 持续经营

[英文] Going concern

[俄文] Продолжающаяся деятельность

[注释] 是假设企业在可以预见的将来能够继续存在并完成现有的各项目标。

43. 充分需求

[英文] Full demand

[俄文] Полныйспрос

[注释] 指产品的需求水平和时间与预期相一致的需求状况。

44. 出价人/投标人

[英文] Bidder

[俄文] Участники торгов

[注释] 投标人是按照招标文件的规定参加投标竞争的自然人、法人或其他社会经济组织。投标人参加投标，必须首先具备一定的圆满履行合同的能力和条件，包括与招标文件要求相适应的人力、物力和财力，以及招标文件要求的资质、工作经验与业绩等。

45. 出口加工区

[英文] Export processing zones

[俄文] Зоны экспортной переработки

[注释] 是一个国家或地区在其港口或邻近港口、机场的地方，划出一定的范围，新建或扩建码头、车站、道路、仓库和厂房等基础设施以及提供免税的优惠待遇，鼓励外国企业在区内投资设厂，生产以出口为主的制成品的加工区域。

46. 出租飞机运营商

[英文] Air taxi operator

[俄文] Оператор аэро-такси

[注释] 提供按需（非定期的）商用航空运输的公司，也叫包机运营商。

47. 初始技术协调会

[英文] Kick off meeting

[俄文] Первоначальное совещание

[注释] 是指制造商与航空公司客户召开的首次客户选型技术协调会。

48. 储存

[英文] Store

[俄文] Склад

[注释] 储存就是通过对储存物的保管包养，克服产品的生产与消费在时间上的差异，创造物资的时间效用，以保证流通和生产的顺利进行。

49. 处置成本

[英文] Disposal cost

[俄文] Стоимость утилизации

[注释] 飞机进入处置阶段发生的成本。飞机可能转售或租赁给其他用户运营，或改装成货机，或被封存/解体。

D

50. 代理 (代为处理)

[英文] Agency

[俄文] Агентство

[注释] 是指代理人（Agent）按照本人（Principal，又称被代理人）的授权（Authorization），代表本人同第三人订立合同或作其他的法律行为，由此而产生的权利与义务直接对本人发生效力。

51. 单边关税

[英文] Unilateral duty

[俄文] Односторонняя таможенная пошлина

[注释] 指为惩罚一国的不正当贸易行为，根据行政命令对其加强的一种关税。

52. 单机成本

[英文] Unit manufacturing cost (UMC)

[俄文] Себестоимость изготовления единицы продукции

[注释] 飞机的单机成本是指构成飞机本体的结构件以及作为飞机有机组成部分的系统设备（包括动力装置、航空电子设备、内部装饰）、随机器件等构成的成本支出。

53. 单位可用座公里成本

[英文] Cost available seat kilometer (CASK)

[俄文] Стоимость располагаемых пассажир-километров

[注释] 每个座位飞行 1 公里的平均成本。

54. 单位可用座公里收入

[英文] Revenue available seat kilometer (RASK)

[俄文] Доход от располагаемых пассажир-километров

[注释] 航空公司从所提供的所有可用座位上获得的收入。等于总运营收入除以可用座公里即 ASK。

55. 单一投资租赁

[英文] Straight investment lease

[俄文] Прямые инвестиции в аренду

[注释] 在一项租赁交易中，设备的购置资金全部由出租人独自承担并在购买设备后交付承租人使用的一项租赁交易。

56. 当前价值

[英文] Current values

[俄文] Текущие значения

[注释] 在评估当时对飞机当前价值的评估。评估人通常按照"半寿期"和"全寿期"两种维修状态给出"当前市场价值"（Current market values）和"当前基本价值"（Current base value）。

57. 导航费

[英文] Navigation charges

[俄文] Навигационые издержки

[注释] 导航费包括航路导航费和进近指挥费，按飞机重量及航线距离收费。与机场收费类似，导航费存在明显的地区差异。

58. 到岸价

[英文] Cost，insurance and freight (CIF)

[俄文] Стоимость，страхование и фрахт

[注释] 到岸价：指在装运港当货物越过船舷时卖方即完成交货，买方必须

支付将货物运至指定目的港所需的运费和费用，订立保险合同并支付保险费，办理出关清关手续，该术语仅适用于海运和内河航运。

59. 到坞/上线日期

[英文] On-dock date (ODD)

[俄文] Дата поступления на склад

[注释] 针对 BFE 设备而言，买方确保设备按飞机制造商的 ODD 时间运抵工厂。

60. 地面服务费

[英文] Ground handling charges

[俄文] Плата за наземное обслуживание

[注释] 地面服务费包括：配载、通信、集装设备管理及旅客与行李服务费；客梯、装卸和地面运输服务费；过站服务费；飞机例行检查和放行费。这些项目大多按飞机最大商载或座位数收费。

61. 地区航线

[英文] Regional route

[俄文] Региональный маршрут

[注释] 见航线。

62. 第三方物流

[英文] Third-part logistics

[俄文] Третья сторона-логистика

[注释] 是由供方与需方以外的物流企业提供物流服务的业务模式。

63. 电子仓库

[英文] Data vault

[俄文] Электронное хранилище данных PDM

[注释]（产品数据管理）的核心，由数据（元数据）以及指向描述产品不同方面的物理数据和文件的指针组成，为 PDM 控制环境和外部（用户和应用系统）环境之间的传递数据提供一种安全手段。

64. 跌市

[英文] Falling market

[俄文] Падение рынка

[注释] 市况持续下跌称为跌市。跌市通常在对经济前景看法悲观或利率趋升的情况下最容易出现。

65. 订购代理

[英文] Indenting agent

[俄文] Аганет заказа

[注释] 指受委托人之命在一定区域内推销并宣传产品的代理人。

66. 订货周期

[英文] Order cycle time

[俄文] Время цикла заказа

[注释] 两次订单的间隔时间。

67. 定额耗油

[英文] Fuel quota

[俄文] Квота на топливо

[注释] 在报告期内各机型执行航空运输、通用航空生产飞行任务的航空燃油定额数，以吨为计算单位。一般按机型种类、航线长度、飞行高度等因素分别确定。

68. 定费用设计

[英文] Design to cost (DTC)

[俄文] Проектирование под заданную стоимость

[注释] 定费用设计是在综合考虑民用飞机整体性能、安全、可靠以及技术工业发展水平基础上，研究飞机目标销售价格，将确定并细化的飞机目标成本（包括各研制阶段研制成本、单机成本和直接运营成本）作为设计的一项重要输入。它将项目成本控制的起始点前移到设计研发阶段，对从项目起点到全面试制的整个过程在最佳节点对成本进行有效控制并实时动态反馈，从根本上保证项目成本目标的实现，以满足市场要求的销售价格和性能指标。

69. 定牌

[英文] Brands designated by the buyer

[俄文] Бренды назначенного покупателя

[注释] 在国际贸易中，买方要求卖方在出售的商品或包装上标明买方指定的商标或牌名的做法。

70. 定期航班

[英文] Scheduled flight

[俄文] Регулярный рейс

[注释] 按向社会公布的班期和时刻运营的航班，包括正班和加班。

71. 定势

[英文] Stereotypes

[俄文] Стереотипы

[注释] 针对目标群体成员所特有的正面或某一方面的判断。

72. 动态定价

[英文] Dynamic pricing

[俄文] Динамическая расценка

[注释] 动态定价是指根据市场对产品的需求以及顾客的购买力来对产品进行定价。

73. 独立鉴定人/独立公证人

[英文] Independent surveyor/Public surveyor

[俄文] Независимый сюрвейер

[注释] 指具有专业知识，专门鉴定或检验货物品质规格数量的鉴定人。

74. 对价

[英文] Consideration

[俄文] Рассмотрение

[注释] 有些资本主义国家法律要求，一项在法律上有效的合同，除了当事人之间意思表示一致以外，还必须具备另一项要素。这个要素英美法称为"对价"，法国法称为"约因"。

75. 对外贸易额

[英文] Foreign trade volume

[俄文] Объём зарубежного торговли

[注释] 即在一定时期内，一国从国外进口货物和向国外出口货物的全部价

值的总额。

76. 多边净额

[英文] Multilateral netting

[俄文] Многосторонний взаимозачет

[注释] 是在多国进行经营、并在多国之间具有货币流动的公司的一种重要的现金管理工具。

F

77. 发盘和还盘

[英文] Offer and counter-offer

[俄文] Предложение и встречное предложение

[注释] 发盘是卖方向买方提出的签订合同的建议，对发盘表示接受但载有添加、限制或其他更改的答复，即为拒绝该项发盘并构成还盘。

78. 发运通知

[英文] Advice of dispatch

[俄文] Извещение по отправке

[注释] 货物装船后，出口方应及时地向国外方发出"装运通知"及相关证明，以便对方准备付款、赎单、办理进口报关和接货手续。装船通知的内容一般有：订单号或合同号、信用证号、数量、总值、唛头、船名、航次、预计开航日和预定到达日等。

79. 飞机吨位数

[英文] Payload

[俄文] Полезный груз

[注释] 飞机可以提供的最大业载数。

80. 飞机排班

[英文] Tail number assignment

[俄文] Назначение бортового номера

[注释] 也称机尾号指派，根据航班时刻表（包括航线、时刻、班次、班期、机型）、飞机维修计划以及每一架飞机的技术状况，为每一架飞机安排一连串需执行的航班，即飞机路线。

81. 飞机生产率

[英文] Aircraft productivity

[俄文] Производительность самолета

[注释] 飞机的平均巡航速与最大业载的乘积，单位为吨千米/小时。也可为平均航速与座位数的乘积，单位为座千米/小时。

82. 飞机座位数

[英文] Seats

[俄文] Места

[注释] 飞机实际安装的座位数。

83. 飞行机组成本

[英文] Flight crew cost

[俄文] Расходы на лётный экипаж

[注释] 飞行机组成本包括工资（含社会福利）、驻外津贴和培训费。飞机的吨位不同，飞行速度不同，飞行机组的工资和福利待遇等级有差异。地区不同、航空公司运营的市场（低成本航线、国内干线或国际干线）不同，飞行机组的工资和福利待遇会有很大差异。

84. 飞行区指标 I

[英文] Flight zone index I

[俄文] Индекс 1 зоны полёта

[注释] 按拟使用机场跑道的各类飞机中最长的基准飞行场地长度，分为1、2、3、4 四个等级。（见运输机场）等级 1：飞机基准飞行场地长度＜800 m；等级 2：飞机基准飞行场地长度 800~1 200 m；等级 3：飞机基准飞行场地长度 1 200~1 800 m；等级 4：飞机基准飞行场地长度≥1 800 m。

85. 飞行区指标 II

[英文] Flight zone index II

[俄文] Индекс 2 зоны полёта

[注释] 按使用该机场飞行区的各类飞机中的最大翼展或最大主起落架外轮外侧边的间距，分为 A、B、C、D、E、F 六个等级。（见运输机场）等级 A：翼展 < 15 m，主起落架外轮外侧边间距 < 4.5 m；等级 B：翼展 15~24 m，主起落架外轮外侧边间距 4.5~6 m；等级 C：翼展 24~36 m，主起落架外轮外侧边间距 6~9 m；等级 D：翼展 36~52 m，主起落架外轮外侧边间距 9~14 m；等级 E：翼展 52~65 m，主起落架外轮外侧边间距 9~14 m；等级 F：翼展 65~80 m，主起落架外轮外侧边间距 14~16 m。

86. 飞行小时生产率

[英文] Hourly productivity

[俄文] Почасовая производительность

[注释] 指每一运输飞行小时平均所完成的吨千米数，以"吨千米/时"（t·km/h）为计算单位。计算公式：飞行小时生产率（t·km/h）=报告期运输总周转量（t·km/h）/运输飞行小时×1000。

87. 非正式组织

[英文] Informal organization

[俄文] Неофициальная организация

[注释] 是人们在共同的工作过程中自然形成的以感情、喜好等情绪为基础的松散的、没有正式规定的群体。

88. 非重复性成本

[英文] Non-recurring cost (NRC)

[俄文] Единовременные затраты

[注释] 非重复性成本（设计成本），包括概念设计、初步设计和详细设计；机体结构和系统的试验和验证；适航验证和试飞；新工艺的开发；工装的设计和制造等。

89. 分配/发货/分销

[英文] Distribute

[俄文] Распродавать в розницу

[注释] 在西方经济学中，分销的含义是建立销售渠道的意思，即产品通过

一定渠道销售给消费者。从这个角度来讲，任何一种销售方式我们都可以把它称之为分销。亦即分销是产品由生产地点向销售地点运动的过程，产品必须通过某一种分销方式才能到达消费者手中。

90. 分批生产

[英文] Batch production

[俄文] Пакетное производство

[注释] 分批生产就是一批一批、一组一组的生产。

91. 分区定价

[英文] Zone pricing

[俄文] Зональное ценообразование

[注释] 企业把全国（或某些地区）分为若干价格区，对于卖给不同价格区顾客的某种产品，分别制定不同的地区价格。

92. 服务

[英文] Service

[俄文] Обслуживание

[注释] 包括两类：一类是纯服务，另一类是功能性服务。

93. 负需求

[英文] Negative demand

[俄文] Отрицательный спрос

[注释] 指多数潜在顾客不喜欢、甚至甘愿付出代价也要回避某种产品的需求状况。

G

94. 概率抽样

[英文] Probability sampling

[俄文] Вероятностный выбор

[注释] 指在调查总体样本中的每个单位都具有同等可能性被抽中的机会。

95. 干租

[英文] Dry lease

[俄文] Сухаяаренда

[注释] 仅涉及飞机的租赁，不包括机组和备件，承租人必须自己提供机组、燃油，有时也包括工程及维修服务。

96. 杠杆租赁

[英文] Leveraged lease

[俄文] Аренда заемных средств

[注释] 出租人指需投资飞机购买价格 20%~40%的资金，其余的大部分资金以出租人的名义借贷获得，但出租人必须以飞机座抵押并将有关权益转让给贷款人。

97. 高峰日旅客吞吐量

[英文] Peak-day passenger through put

[俄文] Пропускная способность пассажиров в пиковый день

[注释] 机场在报告期（通常按一年计算）内，日旅客吞吐量最多一天的进出港旅客数。

98. 高峰日起降架次

[英文] Peak day aircraft movement

[俄文] Движения воздушных судов в пиковый день

[注释] 机场在报告期（通常按一年计算）内，飞机起降最多一天的起降架次数。

99. 高峰小时旅客吞吐量

[英文] Peak hour passenger throughput

[俄文] Пропускная способность пассажиров в час-пик

[注释] 机场在报告期（通常按一年计算）内，每个小时的旅客进出港人数按数值大小排列（以整点小时计算），第 30 个高峰值的旅客进出港人数就称为高峰小时旅客吞吐量。

100. 高峰小时起降架次

[英文] Peak hour aircraft movement

[俄文] Движения воздушных судов в час-пик

[注释] 机场在报告期（通常按一年计算）内，机场每个小时的飞机进出港的起降架次按数值大小排列（以整点小时计算），第 30 个高峰值的起降架次就称为高峰小时起降架次。

101. 个人主义

[英文] Individualism

[俄文] Индивидуализм

[注释] 个人利益胜于集体利益，集体主义 collectivism：个人融入集体。

102. 更改请求单

[英文] Request for change (RFC)

[俄文] Запрос о внесении изменений

[注释] 指记录客户为完成飞机产品客户化而提出的针对飞机标准规范的更改请求。实际交付的飞机与标准规范会有一定的差别，航空公司通过更改请求单向制造商提出规范修改要求，而制造商会以规范更改通知的形式与航空公司约定更改的内容。

103. 工程协调备忘录

[英文] Engineering coordination memo (ECM)

[俄文] Памятка о координации разработкой

[注释] 工程协调备忘录是主制造商、供应商之间在工程、制造工艺、适航管理、质量管理等专业领域内进行信息交流、工作协调的正式文件。

104. 工装费用

[英文] Tooling cost

[俄文] Расходы на оснастку

[注释] 工装费用包括工装设计、计划、制造、生产试验设备、工具、测试、维修等工时与费用。

105. 公积金

[英文] Accumulation fund

[俄文] Накопительный фонд

[注释] 是公司为了预备弥补亏损和扩大大生产规模在注册资本之外准备的基金。

106. 公司债券

[英文] Corporate bonds

[俄文] Корпоративная облигация

[注释] 是公司为了筹集生产经营资金，依照公司法和证券法及有关行政法规的规定公开发行并约定在一定期限内还本付息的有价证券。

107. 公司治理

[英文] Corporate governance

[俄文] Корпоративная управление

[注释] 目前对公司治理尚未有统一的定义，但各国普遍认为，公司治理机制实际上是一种制度性的安排。它是在法律保障的前提下，处理因两权分离而产生的委托代理关系所适用的一整套制度安排，其宗旨是使公司的管理人员能够为公司股东的整体利益服务。

108. 公务航空

[英文] Business aviation

[俄文] Бизнес-авиация

[注释] 服务于公务活动的按需航空运输。

109. 购机协议

[英文] Purchase agreement

[俄文] Соглашение о покупке

[注释] 购机协议是实际完成飞机销售的契约，内容包括飞机的销售价格（包括付款方式和调价条款等）、飞机的交付方式、飞机构型、初期航材保障、培训、全部的担保和索赔条款以及其他一些双方协商的内容。

110. 购买决策

[英文] Purchase decision

[俄文] Решений о покупке

[注释] 指消费者谨慎的评价某一产品、品牌或服务的属性并进行选择、购

买能满足某一特定需要的产品的过程。

111. 购物报价

[英文] Buying offer

[俄文] Предложение покупки

[注释] 指买方为购买货物，主动向卖方发出的报价。

112. 股份转让

[英文] Share transfers

[俄文] Передача акции

[注释] 是指股份有限公司的股份持有人依法自愿将自己的股份转让给他人，是他人取得股份成为股东的法律行为。

113. 固定基地运营商

[英文] Fixed base operator (FBO)

[俄文] Оператор фиксированной базы

[注释] 提供燃油、临时停机坪、乘客等待区域及机库和维修服务的飞机服务公司。

114. 固定资产/非金融资本资产

[英文] Fixed asset

[俄文] Фиксированный актив

[注释] 它服务的时间较长且专门特定的生产过程，一般只有在一定的生产时期后，才有可能完全收回其成本。如厂房、建筑等。

115. 寡头市场

[英文] Oligopoly market

[俄文] Олигархический рынок

[注释] 指一种商品的生产和销售有少数几家大厂商所控制的市场结构。

116. 关系营销

[英文] Relationship marketing

[俄文] Маркетинг под отношением

[注释] 是指市场营销者与顾客、经销商、供应商等建立、保持和加强合作关系，通过互利交换及共同履行诺言，使各方实现各自目的的营销方式。

117. 管理协调备忘录

[英文] Management coordination memo (MCM)

[俄文] Памятка о координации управлением

[注释] 管理协调备忘录是主制造商、供应商之间在项目管理、合同商务管理领域内进行信息交流、工作协调的正式文件。

118. 管理信息系统

[英文] Management information system (MIS)

[俄文] Информационная система управления

[注释] 是信息系统发展的一个重要分支。是指一个由人、计算机等组成的能进行信息收集、传送、储存、加工、维护和使用的系统。

119. 规范更改通知

[英文] Specification change notice (SCN)

[俄文] Уведомление об изменении спецификации

[注释] 飞机制造商与航空公司约定标准规范更改的变更说明，分别包含商务和工程内容。SCN 一经签署确认后，将会成为购机合同文件的一部分。

120. 规模报酬

[英文] Returns to scale

[俄文] Оплата по масштабу

[注释] 指在其他条件不变的情况下，企业内部各种生产要素按相同比例变化时所带来的产量变化。

121. 国际惯例

[英文] International general practice

[俄文] Международный обычай

[注释] 在国际交往中逐渐形成的一些习惯做法和先例。

122. 国际航空运输协会

[英文] International air transport association (IATA)

[俄文] Международная ассоциация воздушного транспорта

[注释] 国际航空承运人的组织，其主要功能包括票价和运行的协调。

123. 国际航线

[英文] International route

[俄文] Международный маршрут

[注释] 见"航线"。

124. 国际贸易

[英文] International trade

[俄文] Международная торговля

[注释] 国际贸易也称通商，是指跨越国境的货品和服务交易，一般由进口贸易和出口贸易所组成，因此也可称之为进出口贸易。

125. 国际民航组织

[英文] International civil aviation organization (ICAO)

[俄文] Международная организация гражданской авиации (ИКАО)

[注释] 联合国的专业机构。通过制定国际标准、程序，促进航行的安全、一致性以及效率来推动国际航空运输的发展。

126. 国际商法

[英文] International commercial law

[俄文] Международное коммерческое право

[注释] 调整国际商事交易和商事组织的各种法律规范的总称。它强调的是各国商人（企业）之间从事商业活动，尤其是贸易和投资活动方面的法律总称。主要内容包括：商行为法、商组织法、宏观调控法，商事权利救济法。

127. 国家间交际

[英文] Internation communication

[俄文] Межгосударственное общение

[注释] 指国家和政府而非个人之间的交际，此种交际非常正式和仪式化。

128. 国内航线

[英文] Domestic route

[俄文] Внутренний маршрут

[注释] 见航线。

129. 国外市场潜力

[英文] Foreign potential market

[俄文] Потенциал зарубежного рынка

[注释] 是指在某一特定时期和特定条件下，某一国外市场对某一产品购买量的最乐观估计。

130. 过量需求

[英文] Overfull demand

[俄文] Чрезмерный спрос

[注释] 指产品的市场需求超过企业所能供给或愿意供给水平的需求状况。

131. 过站时间

[英文] Turn-around time (TAT)

[俄文] Время подготовки к очередному полёту

[注释] 飞机在前一次飞行着陆后至执行下一次起飞前的时间，称为过站时间。

H

132. 海上路货

[英文] Sea road goods

[俄文] Морские дорожные товары

[注释] 当卖方先把货物装上开往某个目的地的船舶，然后再寻找适当的买方订立买卖合同时，这种交易就是在运输途中进行的货物买卖，在外贸业务中称为"海上路货"。

133. 航班

[英文] Flight

[俄文] Рейс

[注释] 一架飞机在两个城市之间的一次单向飞行。

134. 航班计划

[英文] Flight scheduling

[俄文] Расписание полетов

[注释] 定期航班的频率、班期、时刻以及机型指派等决策问题。

135. 航班频率

[英文] Frequency

[俄文] Частота (полетов)

[注释] 航空公司一天（或一个星期）在同一条航线市场上的航班量。

136. 航班座位控制

[英文] Seat inventory control

[俄文] Контроль инвентаря места

[注释] 是一个决策过程，即航空公司要决定是应该将座位销售给现在这名旅客，还是将座位留给后面愿意出更高价钱的旅客。

137. 航段

[英文] Segment

[俄文] Сегмент

[注释] 飞机从起飞到下一次着陆之间的飞行。一条航线可以是一个或多个航段。凡航段的两端都在国内的称为国内航段，两端或有一端在国外的称为国际航段，两端或有一端是香港、澳门的称为地区航段。

138. 航段运量

[英文] Segment volume

[俄文] Объем сегмента

[注释] 航线中某个航段上全部的旅客、货物、邮件数量。旅客以人为计算单位，货物、邮件以吨为计算单位。

139. 航空产品档案

[英文] Aeronautic (Aviation) product archives

[俄文] Архивы авиационных продуктов

[注释] 在航空产品及配套产品科研、生产、服务过程中形成的具有保存价值的图样、表格、文字、数据、电子、声像等各种形式、载体的文件材料。

140. 航空市场预测

[英文] Aviation market forecasting

[俄文] Прогнозирование авиационного рынка

[注释] 航空市场预测是指通过各种航空业务量预测，为科学决策、制定使航空运输资源得到优化配置的计划奠定基础。航空运输市场预测一般包括客运预测和货运预测两个方面。客运预测包括旅客出行产生预测和旅客出行分布预测。货运预测包括货运发生预测和货运吸引预测。同时按照预测时间的长短，航空运输市场预测又可分为长期预测、中期预测和短期预测。

141. 航线

[英文] Air route

[俄文] Авиалиния

[注释] 飞机飞行的空中路线。其中，各航段的起讫点（技术经停点除外）都在国内的航线称为国内航线；航线中任意一个航段的起讫点（技术经停除外）在外国领土上的航线称为国际航线；航线中任意一个航段的起讫点在香港、澳门的航线称为地区航线（经香港、澳门飞往外国的航线统计为国际航线）。

142. 航线网络

[英文] Route network

[俄文] Сеть маршрутов

[注释] 某一地域内的航线按一定方式连接而成的构造系统，由机场和航线等要素构成了航空运输的空间分布。

143. 航行资料汇编

[英文] Aviation information publication (AIP)

[俄文] Публикация авиационно информации

[注释] 国家权威机构的出版物，内容包括最新航空信息，对空中导航很重要。

144. 合格供货商清单

[英文] Qualified vendor list/Approved vendor list (QVL)

[俄文] Список квалифицированных поставщиков

[注释] 参见"已批准供应商清单"。

145. 合伙

[英文] Partnership

[俄文] Партнёрство

[注释] 合伙是两个或两个以上的合伙人为经营共同事业，共同出资、共享利润、共担风险而组成的企业。

146. 合同/构型定义冻结

[英文] Contractual/Configuration define freeze (CDF)

[俄文] Окончательное утверждение описания конфигурации

[注释] 飞机客户选型中，买卖双方对构型状态的合同化的冻结。

147. 合同成交价格

[英文] Contract value

[俄文] Стоимость по контракту

[注释] 指的是飞机购机合同价格，通常是商业机密。合同成交价格=基本价格+所有 SCN 的价格+特别客户服务项目附加费。SCN 为《技术说明书更改通知》（Specification change notice）的缩写。

148. 合同承运人

[英文] Contract carrier

[俄文] Носитель по контракту

[注释] 承运人在海上货物运输合同下的义务，主要有使船舶适航、管理货物、不得进行不合理绕航三项

149. 核心产品

[英文] Core product

[俄文] Основное производство

[注释] 指向顾客提供的产品的基本效用或利益。

150. 横线支票

[英文] Returned check

[俄文] Возвращенный чек

[注释] 由出票人、背书人或执票人在支票正面划有两道平行线，或在平行线内载明银行名称的支票。横线支票的特点是收款人只能是银行。

151. 宏观机队规划

[英文] A macro approach to fleet planning

[俄文] Марко-подход к планированию флота

[注释] 一种从机队规模预测的角度进行分析研究，主要解决长期规划问题，按"从上而下"（即从宏观到微观）的顺序进行分析预测的机队规划（见 2.42）方法。

152. 后向一体化

[英文] Backward integration

[俄文] Обратная интеграция

[注释] 企业通过收购或兼并若干原材料供应商，实行供产一体化。

153. 互补品

[英文] Complement goods

[俄文] Дополнительные товары

[注释] 指两种商品必须互相配合才能共同满足消费者的同一种需要。

154. 汇票

[英文] Draft

[俄文] Тратта

[注释] 汇票是由出票人签名出具的要求受票人于见票时或于规定的日期或于将来可以确定的时间内向特定人或凭特定人的指示或向持票人支付一定数额金钱的无条件的书面支付命令。

155. 汇票的背书

[英文] Draft endorsement

[俄文] Подтверждение обоснование тратты

[注释] 汇票的背书指执票人在汇票背面签名，并把它交给对方的行为。

156. 汇票的承兑

[英文] Draft against acceptance

[俄文] Против принятия тратты

[注释] 承兑是指汇票的付款人接受出票人的付款委托，同意承担支付汇票金额的义务，而将此项意思表示以书面文字记载于汇票之上的行为。

157. 汇票的提示

[英文] Draft hints

[俄文] Подсказки тратты

[注释] 执票人向付款人出示汇票，请求其承兑或付款的行为。

158. 汇票的伪造签名

[英文] Drafts of counterfeit signature

[俄文] Поддельная подпись тратты

[注释] 汇票上的伪造签名是指假冒他人名义或未经授权而用他人的名义在汇票上签名的行为。包括假冒出票人、背书人、承兑人的名义在汇票上签名，也包括盗用他人的印章在汇票上盖章。

159. 汇票的追索权

[英文] Draft the right of recourse against

[俄文] Право регресса тратты

[注释] 当汇票遭到拒付时，为了保护执票人的利益，各国法律都认为执票人有权向前手背书人以及汇票的出票人请求偿还汇票上的金额，这项权利在票据法上称为追索权。

160. 货比三家

[英文] Comparison-shop

[俄文] Покупкапосле сопоставления

[注释] 本意为同样的货要进行三家对比，现一般指在采购或交易过程中进行多家比较或性价对比的过程。

161. 货到付款

[英文] Cash on delivery (COD)

[俄文] Платеж по доставке

[注释] 卖方交运后，将代表货物所有权的单证交付买方，买方付款后承受单据，取得货物所有权。

162. 货物承揽公司

[英文] Freight forwarding company

[俄文] Грузовая экспедиционная фирма

[注释] 此种公司介于运送人和委托人之间，受托运人的委托以本身名义处理进出口货物装卸的水陆运输业务收取运费和手续费作为报酬。

163. 货物运输量

[英文] Freight transportation volume

[俄文] Объём транспортировки грузов

[注释] 运输飞行所载运的货物重量。原始数据以公斤为计算单位。汇总时以吨为计算单位。每一特定航班（同一航班）的货物只应计算一次，不能按航段重复计算，但对既经过国内航段、又经过国际航段航班的货物，则同时统计为国内货物和国际货物。不定期航班运送的货物每一特定航班（同一航班）只计算一次。

164. 货物周转量

[英文] Freight ton kilometers (FTKs)

[俄文] Грузовые тонн-километры

[注释] 反映航空货物在空中实现位移的综合性生产指标，体现航空运输企业所完成的货物运输工作量。计算单位为吨公里，汇总时，以万吨公里为计算单位填报。计算公式：货物周转量(吨公里) = ∑(航段货物运输量[吨]×航段距离[公里])。

165. 货邮吞吐量

[英文] Freight and post throughput

[俄文] Пропускная способность перевоз почтой

[注释] 报告期内货物和邮件的进出港数量，以公斤和吨为计算单位。汇总时，以吨为计算单位。

J

166. 机场收费

[英文] Airport charges

[俄文] Сбор за услуги аэропортов

[注释] 中国机场收费项目包括：起降费、停场费、旅客服务费、安检费和

客桥费等，与欧洲机场所公布的收费项目是基本一致的。

167. 机队

[英文] Fleet

[俄文] Флот

[注释] 航空公司所拥有的飞机总称，包括飞机的数量和不同型号飞机构成比例关系，前者叫机队规模，后者叫机队结构。机队规模体现了航空公司的运输能力（简称运力），也用总座位数（客运运力）和总吨位数（货运运力）表示，机队结构则直接影响航空公司的成本，它与航线结构和 O-D 流需求等因素有关。

168. 机队规划

[英文] Fleet planning

[俄文] Планирование флота

[注释] 包含飞机选型、机队规模发展计划、机队结构优化、机队更新替换计划、机队部署（在各基地）计划，包括宏观机队规划和微观机队规划。

169. 机队配置

[英文] Fleet configuration

[俄文] Конфигурация флота

[注释] 航空公司在各基地机场投放的飞机类型和数量。

170. 机队置换

[英文] Fleet replacement

[俄文] Замена флота

[注释] 航空公司处理旧飞机和购买或租赁新飞机的活动。

171. 机型指派

[英文] Fleet assignment

[俄文] Назначение флота

[注释] 根据飞机舱位容量、运营成本、潜在收益及飞机可用性，将具有不同舱位容量的机型指派给各定期航班。

172. 机组排班

[英文] Crew scheduling

[俄文] Планирование полётов экипажей

[注释] 在一定周期内，为每个机组人员（包括飞行员和乘务人员）编排飞行值班计划。

173. 基本价格

[英文] Base price

[俄文] Базовая цена

[注释] 指的是由飞机《标准技术说明书》（*Standard specification*）所定义的飞机构型和标准客户服务项目条件下的飞机价格，价格中不包含客户采购设备（Buyer furnished equipment）（例如座椅和厨房插件等），不包含客户选装设备（例如平显、第二套气象雷达和 ETOPS 等常列为客户选装设备或功能），不包含客户可能提出的特殊客户服务项目。

174. 基本价值

[英文] Base value

[俄文] Базовая стоимость

[注释] 指的是当飞机处于开放的、无限制、供求平衡的稳定市场环境中的飞机价值。飞机的基本价值，是按照飞机价值的历史趋势和对未来价值趋势的预测确定的，在具备意愿、能力和相关知识的各方谨慎行事、没有强迫的情况下、发生的合同价格。

175. 绩效考评

[英文] Performance evaluation

[俄文] Оценка результативности

[注释] 是指企业按一定的标准，采用科学的方法对员工的思想、品德、业务、学识、工作能力、工作态度和成绩，以及身体状况等方面进行的考核和评定。

176. 集团多元化

[英文] Conglomerate diversification

[俄文] Диверсификация конгломератов

[注释] 收购、兼并其他行业的企业，或者把业务扩展到其他行业。

177. 架份

[英文] Shipset

[俄文] Число комплекта оборудования

[注释] 飞机机载系统设备的数量单位。

178. 间接贸易

[英文] Indirect trade

[俄文] Косвенная торговля

[注释] 指商品生产国与商品消费国通过第三国进行买卖商品的行为。

179. 间接运行成本

[英文] Indirect operating cost

[俄文] Косвенные эксплуатационные расходы

[注释] 间接运行成本与机队运行无关但与运营环境和商业模式关系密切的成本，主要取决于航空公司的运营。

180. 监事会

[英文] The board of supervisors

[俄文] Ревизионная комиссия

[注释] 即监察委员会，是对公司业务管理机构实施监督的机关。

181. 减税租赁

[英文] Tax credit/oriented lease

[俄文] Налоговый кредит / ориентированная аренданалог-ориентированная аренда

[注释] 出租人购买飞机并把它租给承租人使用，出租人是飞机的法定所有人和经济所有人，获得其所在国投资、折旧利息等减税的经济利益，并以降低租金的方式向承租人转让部分税收优惠，承租人取得飞机的使用权并按期支付租金。

182. 检验报告

[英文] Survey report

[俄文] Отчет обследований

[注释] 可分为品质证书和数量证书。

183. 交换

[英文] Exchange

[俄文] Обмен

[注释] 是指通过提供某种东西作为回报，从别人那里获得所需之物的行为。

184. 交易

[英文] Transaction

[俄文] Сделка

[注释] 在交换的过程中，如果双方达成一项协议，我们就称之为发生了交易。

185. 交易的磋商

[英文] Business negotiation

[俄文] Деловые переговоры

[注释] 交易磋商是指买卖双方通过直接洽谈或函电的形式，就某项交易的达成进行协商，以求完成交易的过程。

186. 接口协调备忘录

[英文] Interface coordination memo (ICM)

[俄文] Памятка о координации интерфейсом

[注释] 接口协调备忘录用于供应商之间、供应商和主制造商之间的直接书面通讯，可包括 MCM、ECM、CCM 等。

187. 进入壁垒

[英文] Barrier to entry

[俄文] Барьер для входа

[注释] 指产业内既存企业对于潜在进入企业和刚刚进入这个产业的新企业所具有的某种优势的程度。

188. 禁忌语

[英文] Taboo

[俄文] Табу

[注释] 在特定文化中出于宗教或社会原因被一特定群体所避免使用的一些词语或行为。

189. 经济成本

[英文] Economic cost

[俄文] Экономическая стоимость

[注释] 指由于课税而使纳税人被迫改变经济行为所造成的效率损失。

190. 经济订货批量

[英文] Economic order quantity (EOQ)

[俄文] Количество экономического заказа

[注释] 是通过平衡采购进货成本和保管仓储成本核算，以实现总库存成本最低的最佳订货量。

191. 经济特区

[英文] Special economical areas

[俄文] Специальная экономическая зона

[注释] 是指我国设置的实行特殊的经济政策、经济管理体制的地区，如深圳、珠海、汕头、厦门特区。

192. 经济性评审

[英文] Economy appraise

[俄文] Оценка экономики

[注释] 对民用飞机项目设计方案进行综合经济性评价和分析，即通过对设计方案中研制成本、单机成本、直接运营成本（DOC 含维修维护成本）等经济性指标的综合比较分析，结合技术方案适用性提出优化设计的相关建议和意见，使在现有技术水平条件下完成飞机项目设计及制造所耗用资源最少，实现技术性能、成本、效益综合平衡的目的。

193. 经济周期

[英文] Economic cycle

[俄文] Экономический период

[注释] 是指经济发展处于循环状态，这种循环一般经历萧条、复苏、上升、高涨、回落等几个反复性阶段。

194. 经营租赁

[英文] Operating leasing

[俄文] Операционный лизинг

[注释] 是一项可撤销的、不完全支付的短期飞机租赁形式。租赁公司需向承租人（航空公司）提供飞机的使用权。承租人需在租期内按期支付租金，且可在租赁到期后续租或退租。

195. 净租

[英文] Net lease

[俄文] Чистый лизинг

[注释] 出租人只提供承租人要求的飞机，有时还包括备份发动机，承租人必须负责所有的有关飞机的生产费用，其中包括机组、维修、飞机机身及发动机的翻修、保险及税务。

196. 绝对优势 (国际贸易中的)

[英文] Absolute advantage

[俄文] Абсолютное преимущество

[注释] A 国所具有的比 B 国能更加有效地（即单位投入的产出水平比较高等）生产某种商品的能力。这种优势并不意味着 A 国必然能将该商品成功地出口到 B 国。因为 B 国还可能有一种我们所说的比较优势或比较利益。

K

197. 可供业载

[英文] Available payload

[俄文] Располагаемый полезный груз

[注释] 飞机每次运输飞行时，按照有关参数计算出的飞机在该航段上所允许装载的最大商务载量。

198. 可供座位

[英文] Available seats

[俄文] Свободные места

[注释] 可以向旅客出售客票的最大商务座位数。

199. 可提供吨公里

[英文] Available tonne kilometers (ATKs)

[俄文] Располагаемые тонн-километры

[注释] 指可提供业载与航段距离的乘积，反映运输飞行中飞机的综合运载能力。计算公式：可提供吨公里=$\sum$(可提供业载×航段距离[km])

200. 可提供座公里

[英文] Available average seats kilometers (ASKs)

[俄文] Располагаемые средние пассажиро-километры

[注释] 指每一航段可提供座位与该航段距离的乘积之和，反映运输飞行运载能力。计算公式：可提供公里=$\sum$(航段可提供座位数×航段距离[km])。

201. 客舱布局图

[英文] Layout of passenger accommodation (LOPA)

[俄文] Компоновка пассажирской кабины

[注释] 买卖双方确认飞机客舱布局的正式客舱布局图纸文件。

202. 客舱乘务成本

[英文] Cabin crew cost

[俄文] Себестоимость экипажа кабины

[注释] 客舱乘务成本包括工资（含社会福利）、驻外津贴。每个空乘机组的乘务人数要根据客舱座位数和舱位划分来确定。

203. 客户代表

[英文] Account executive

[俄文] Представитель клиентам

[注释] 客户代表是和客户建立联系，保持联系，为公司带来客户的订单，为客户推荐公司推出的最新项目，并随时为客户提供服务，解决客户在使用公司产品或服务遇到的问题。

204. 客户服务协调备忘录

[英文] Customer service coordination memo (CCM)

[俄文] Памятка о координации обслуживанием клиентов

[注释] 客户服务协调备忘录是主制造商、供应商之间在供应商客户服务等领域内进行信息交流、工作协调的正式文件。

205. 客户选型

[英文] Product customization

[俄文] Настройка изделия

[注释] 客户选型也称为飞机产品客户化，是指制造商和航空公司客户间约定飞机交付构型的过程。

206. 空侧

[英文] Air side

[俄文] Контролируемая зона

[注释] 由跑道、滑行道和停机坪组成，是飞机活动的场所。

207. 库存

[英文] Stock

[俄文] Сток

[注释] 所谓库存是指处于储存状态的物品，主要是今后按预定的目的的使用而目前处于闲置或非生产状态的物料。

208. 跨文化能力

[英文] Intercultural competence

[俄文] Межкультурная компетенция

[注释] 指理解和适应目标文化的能力，指对文化多样性的敏感性，也就是根据具体的交际环境选择恰当的得体行为调整交际与交往的能力。

L

209. 利用率

[英文] Utilization

[俄文] Утилизация

[注释] 飞机每日（或每年）飞行的轮挡小时数，是航空公司运营的关键指标之一。追求高利用率是低成本航空的重要经营特色。飞机所有权成本是固定成本，高的飞机有效利用率有利于把飞机所有权成本分摊到更多的飞行起落上，从而降低座公里成本。

210. 两合公司

[英文] Combined company

[俄文] Комбинированная компания

[注释] 一人以上无限责任股东与一人以上有限责任股东所组织，前者对公司债务负连带无限责任后者仅负有限责任的公司。

211. 流程管理

[英文] Process management

[俄文] Управление процессом

[注释] 所谓流程管理是从一组相互依赖的业务流程出发，根据企业经营战略的要求，对流程的规划、设计、构造和调控等环节实行系统管理，全面协调各种经营流程之间的相互匹配关系，以及与管理流程的适应问题。

212. 陆侧

[英文] Landside

[俄文] Земляная сторона

[注释] 由航站楼和地面到达系统组成，是旅客转换交通模式的地方。

213. 旅客平均重量标准

[英文] Standard average passenger weight

[俄文] Стандартный средний вес пассажира

[注释] 满座重量=标准旅客平均重量（含行李）×旅客座位数。旅客平均重量的取用标准，将影响满座重量，也就影响了设计航程。多数现役民用客机的旅客平均重量（包含行李）采用 200 磅的标准。中国民航目前采用的旅客平均重量（包含行李）统计标准是 95 kg。

214. 旅客吞吐量

[英文] Passenger through put

[俄文] Пропускная способность пассажиров

[注释] 报告期内进港（机场）和出港的旅客人数，以人为计算单位。其中成人和儿童按一人次计算，婴儿不计人次。

215. 旅客运输量

[英文] Passenger transportation volume

[俄文] Объем пассажироперевозок

[注释] 运输飞行所载运的旅客人数。成人和儿童各按一人计算，婴儿因不占座位不计人数。原始数据以人为计算单位，汇总时以万人为计算单位。统计时，每一特定航班（同一航班）的每一旅客只应计算一次，不能按航段重复计算。而对同一航班上的既经过国内航段、又经过国际航段的旅客，应同时统计为一个国内旅客和一个国际旅客。不定期航班运送的旅客则每一特定航班只计算一次。

216. 旅客周转量

[英文] Revenue passenger kilometers (RPKs)

[俄文] Доход от пассажирооборота

[注释] 反映旅客在空中实现位移的综合性生产指标，体现航空运输企业所完成的旅客运输工作量。计算单位为人公里（或称"客公里"）和吨公里。计算公式：旅客周转量（人公里）= Σ(航段旅客运输量[人] × 航段距离[公里])，汇总时以万人公里为计算单位。

217. 轮挡航程

[英文] Block range

[俄文] Дальность от уборки до установки колодок

[注释] 爬升段、巡航段和下降段所飞越的水平距离之总和。

218. 轮挡时间

[英文] Block hour

[俄文] Рейсовое время

[注释] 从飞机滑动前撤除轮挡滑行起飞，直至着陆滑行停稳后安放轮挡为止，所经过的全部时间称为轮挡时间。

219. 轮挡油耗

[英文] Block fuel

[俄文] Топливо от уборкидо установки колодок

[注释] 从飞机滑动前撤除轮挡滑行起飞，直至飞机着陆滑行停稳后安放轮挡为止，发动机和 APU（辅助动力装置）所消耗的全部燃油称为轮挡耗油。

M

220. 买方提供设备

[英文] Buyer furnished equipment (BFE)

[俄文] Обеспечение оборудования , покупателем

[注释] 由买方提供，并由卖方安装在飞机上的所有设备项目。

221. 卖方提供设备

[英文] Seller furnished equipment (SFE)

[俄文] Обеспечение оборудованием продавцом

[注释] 由卖方提供并安装在飞机上的所有设备项目。

222. 贸易顺差

[英文] Trade surplus

[俄文] Положительное сальдо торгового баланса

[注释] 贸易顺差是指在特定年度一国出口贸易总额大于进口贸易总额，又称"出超"，表示该国当年对外贸易处于有利地位。

223. 贸易谈判回合

[英文] Round of trade negotiations

[俄文] Торговых раунд переговоров

[注释] 是指国家代表之间的一系列会议，旨在形成新的方法来鼓励世界范围内的贸易自由和开放。

224. 贸易协定

[英文] Trade agreement

[俄文] Торговое соглашение

[注释] 指两个或两个以上的主权国家为确定彼此的经济关系，特别是贸易关系方面的权利和义务而缔结额的书面协议。

225. 免税政策

[英文] Tax rebate policy

[俄文] Политика налоговых скидок налог-бесплатная политика

[注释] 免税政策是指国家提出的按照税法规定不征收销项税额，同时进项税额不可抵扣应该转出。

226. 民航发展基金

[英文] CAAC development fund

[俄文] Фонд развития администрации гражданской авиации китая

[注释] 民航发展基金是中国特有的直接运行成本项目，在中国境内乘坐国内、国际和地区（香港、澳门和台湾）航班的旅客都将承担，国家按照飞机最大起飞重量、航段距离和航线类型向航空公司征收。

227. 名义价格

[英文] Nominal value

[俄文] Номинальная стоимость

[注释] 在租期结束时，承租人以远远低于飞机实际的价格，如 1 美元、1000 日元就取得了飞机的全部所有权。名义价格并不反映飞机在市场上销售的公平价格。

228. 母公司

[英文] Parent

[俄文] Материнская компания

[注释] 通过掌握其他公司的股票（份）从而能实际控制其他公司营业活动的公司。

229. 目标管理

[英文] Management by objectives

[俄文] Целевое управление

[注释] 以目标为导向，以人为中心，以成果为标准，使组织和个人取得最佳业绩的现代管理方法。

230. 目标市场

[英文] Target market

[俄文] Целевой рынок

[注释] 指企业在市场细分之后的若干"子市场"中，所运用的企业营销活动之"矢"而瞄准的市场方向之"的"的优选过程。

231. 目的

[英文] Intentions

[俄文] Намерение

[注释] 指引你如何进行一个特定的跨文化交际。

232. 目录价格

[英文] List price

[俄文] Список цен

[注释] 即对外公布价格，是制造商的建议价格，实际上很少有航空公司付出目录价来购机。

233. 募股申请

[英文] An application for public share offer which

[俄文] Заявка на публичную акцию

[注释] 发起人再向公众公开募股之前必须向主管机关报送有关文件，并在主管机关审查批准后才能开始募股。

O

234. O-D 流

[英文] Origin-destination flow

[俄文] Поток от пункта отправления к пункту назначения

[注释] 在一定时期内计算的由某起始城市到目的地城市之间的客货流量，一般该流量具有方向性。

P

235. 票据贴现

[英文] Bills discounting

[俄文] Дисконтирование векселей

[注释] 是指对未到期票据买卖的行为，也就是说持有未到期票据的人通过卖出票据来得到现款。

236. 品牌定位

[英文] Brand positioning

[俄文] Позиционирование бренда

[注释] 品牌定位是指企业在市场定位和产品定位的基础上，对特定的品牌在文化取向及个性差异上的商业性决策，它是建立一个与目标市场有关的品牌形象的过程和结果。

237. 平均机龄

[英文] Average age

[俄文] Средний возраст

[注释] 飞机平均已使用过的年限。

238. 平均每机飞行小时

[英文] Average flight hour

[俄文] Средний лётный час

[注释] 报告期内的平均每架航空器的飞行小时，是反映航空器利用程度的指标。

239. 平均运程

[英文] Average haul

[俄文] Средний грузовой пробег

[注释] 指旅客、货物、邮件的平均运送里程，以公里为计算单位。

240. 破产案件受理

[英文] Bankruptcy case acceptance

[俄文] Принятие дело банкротства

[注释] 是法院在收到破产案件申请后，认为申请符合法定条件而予以接受，并由此开始破产程序的司法行为。

241. 破产变价

[英文] Bankruptcy work

[俄文] Работа банкротства

[注释] 是指清算人将非金钱的破产财产，通过合法的方式加以出让，使之转化为金钱形态，以便清算分配的过程。

242. 破产费用

[英文] Bankruptcy expenses

[俄文] Расходы по банкротству

[注释] 是指破产程序开始后，为破产程序的进行以及全体债券人的共同利益而在破产财产管理、变价分配中产生的费用，以及为破产财产诉讼合办理其他事物而支付的费用。

243. 破产宣告

[英文] Bankruptcy

[俄文] Банкротство

[注释] 法院对债务人具备破产原因的事实作出有法律效力的认定。

244. 破产债权

[英文] Bankruptcy claims

[俄文] Рекламации банкротства

[注释] 是基于破产宣告前的原因而发生的，能够通过破产分配由破产财产公平受偿的财产请求权。

Q

245. 企业航空

[英文] Corporate aviation

[俄文] Корпоративная авиация

[注释] 办理公务的非商业性按需服务的航空。

246. 企业文化

[英文] Corporate culture

[俄文] Корпоративная культура

[注释] 是一个组织由其价值观、信念、仪式、符号、处事方式等组成的其特有的文化形象。

247. 起降架次

[英文] Movements

[俄文] Движения

[注释] 报告期内在机场进出港飞机的全部起飞和降落次数，包括定期航班、非定期航班、通用航空和其他所有飞行的起飞、降落次数。起飞和降落各算一次。

248. 起止全航程

[英文] Origin-destination

[俄文] Пункты отправления и назначения

[注释] 同一个旅客从出发地到目的地之间的行程。

249. 签派率

[英文] Dispatch rate

[俄文] Процент отправка

[注释] 在规定时间范围内（一般是 15 min）飞机起飞时间相对于调度时间或者乘客等待飞机事件的百分比。

250. 前向一体化

[英文] Forward integration

[俄文] Вперед интеграция

[注释] 企业通过收购或兼并若干分销商，实行产销一体化。

251. 潜在需求

[英文] Latent demand

[俄文] Скрытное потребление

[注释] 现有产品尚不能满足的需求状况。

252. 清关

[英文] Customs clearance

[俄文] Таможенное оформление

[注释] 清关即结关，是指进出口或转运货物出入一国关境时，依照各项法律法规和规定应当履行的手续。

253. 情境

[英文] Context

[俄文] Контекст

[注释] 交际发生的环境并且有助于解释交际内容的含义。

254. 全寿命周期成本

[英文] Life cycle cost (LCC)

[俄文] Затраты за срок службы

[注释] 全寿命周期成本，是寿命周期各阶段的成本的总和。全寿命周期成本是大型系统（装备）在预定有效期内发生的直接、间接、重复性、一次性以及其他有关的费用。它是设计、开发、制造、使用、维修、保障等过程中所发

生的费用以及预算中所列入的必然发生的费用等的总费用。全寿命周期成本分为产品的全寿命周期成本和项目全寿命周期成本。产品全寿命周期成本由设计成本、制造成本、运营成本和处置成本构成。项目的全寿命周期成本主要由项目在立项、计划、实施和结束各阶段发生成本构成。

255. 全寿状态

[英文] Full-life

[俄文] Полная жизнь

[注释] "全寿状态"的含义并不是飞机处于"全新"状态，而是飞机价值评估时假设的一种典型维修状态，指的是飞机处于下述维修状态：机体刚做过大修（即 D 检）；发动机刚做过返厂大修和性能复原；所有发动机时限件是新换的；起落架刚做过大修；所有其他维修参数假设为"半寿状态"（即不作价值调整）。

256. 权利距离

[英文] Power distance

[俄文] Дистанция власти

[注释] 组织或机构里边，没有权力的成员对于权力不均等分配接受和期望的程度。

257. 确认订货

[英文] Confirm an order

[俄文] Подтверждать заказ

[注释] 交易成功后，卖方将交易成立书面凭据寄交买方表示"确认收货"。通常卖方会在其书面凭据后面印上有利于本身的一般交易条件，但此条件乃卖方片面性行为，较易引起纠纷，尤其在处理大宗较易时，买方应特别注意。

R

258. 燃油成本

[英文] Fuel cost

[俄文] Себестоимость топлива

[注释] 燃油价格（单位：元/千克或美元/千克）乘以飞机所飞航段的耗油量（包括发动机及 APU 耗油）（单位：千克）。

259. 人际传播/大众传播

[英文] Mass communication

[俄文] Средство массовой коммуникации

[注释] 职业化的传播机构利用机械化、电子化的技术手段向多数人传送信息的行为和过程。包括报刊杂志、广播电视、因特网上的各种信息。

260. 融资租赁

[英文] Finance leasing

[俄文] Финансовый лизинг

[注释] 是一种对航空公司具有较大吸引力、航空公司接近于"实际拥有飞机"的长期融资方式，租赁期终航空公司可以购得飞机或自动取得飞机。融资租赁交易比较复杂，租赁公司通常通过建立一个合法的"特殊目的公司"（Special purpose company）来购买飞机，对财务风险进行剥离，采取资产转让的方式把飞机提供给航空公司，达到投资者合理避税和航空公司降低融资成本的目的。承租人可以在飞机使用寿命期内分摊折旧成本，抵扣收益以减少纳税，抵扣付给债权人的利息。

S

261. "SS" 活动

[英文] Ss activities

[俄文] Ss деятельность

[注释] 是指对物流中心、配送中心、仓储现场管理、堆场、库存、流通加工等现场各要素所处状态不断进行整理、整顿、清扫、清洁和提高人素养的活动。

262. 商品关税

[英文] Tariffs levied on goods

[俄文] Тарифы，взимаемые с товаров

[注释] 关税是指进出口商品在经过一国关境时，由政府设置的海关向进出口商所征收的税收。

263. 商品验收

[英文] Commodity inspection

[俄文] Приём товаров

[注释] 就是对卖方交付商品的品质和数量进行鉴定，以确定交货的品质、数量和包装是否与合同的规定相一致。

264. 商事关系

[英文] Commercial relations

[俄文] Коммерческие отношения

[注释] 指一定社会中通过市场经营活动而形成的社会关系，主要包括商事组织关系和商事交易关系。

265. 商事组织法

[英文] Commercial law

[俄文] Коммерческий закон

[注释] 是指国家以法律的形式规定一定的商事主体设立、存在、变更和消灭的法律。

266. 商用飞机产品策略研究

[英文] Commercial aircraft product strategy analysis

[俄文] Анализ стратегии коммерческих самолетов

[注释] 通过市场调研和分析论证，了解市场对未来产品的需求，提出新产品的市场定位，制定新产品的市场要求与目标，为企业"发展什么样的产品"提供决策方案。

267. 商用飞机经济性设计

[英文] Design for economics

[俄文] Экономическое проектирование

[注释] 商用飞机经济性设计是指在保证飞机安全的前提下，以提升运营经济性、优化飞机全寿命周期成本为核心，以提升飞机竞争力为目标的一种商用

飞机设计方法。

268. 商用飞机目标市场研究

[英文] Commercial aircraft target market analysis

[俄文] Анализ целевого рынка коммерческих самолетов

[注释] 通过航空市场预测和市场研究，明确飞机销售的目标市场和目标客户群体，为进一步的目标客户研究提供输入。

269. 商用飞机市场需求预测

[英文] Commercial aircraft demand forecasting

[俄文] Прогнозирование спроса на коммерческие самолеты

[注释] 按商用飞机类型可分为客机需求预测和货机需求预测，预测通常以未来二十年为预测周期。预测中，以历史数据为基础，通过需求和供给两方面分别建立预测模型，再通过模型输出结论的相互协调得出预测期内客机或货机的需求量。

270. 上市公司

[英文] Listed companies

[俄文] Перечисленная компания

[注释] 发行的股票经国家有权机关的批准在证券交易所挂牌上市交易的股份有限公司。

271. 设计航程

[英文] Design range

[俄文] Диапазон проектирования

[注释] 飞机在满客和最大起飞重量起飞条件下的航程能力。制造商可以通过不同的客舱布置、利用机身的加长或者缩短以及在最大设计起飞重量范围内调整最大起飞重量，来实现不同的座位数和不同设计航程，以满足各种客户的需求和扩大产品市场。

272. 申请仲裁

[英文] Submit a claim to arbitration

[俄文] Подать заявку на арбитраж

[注释] 国际贸易所发生之索赔纠纷，如当事人双方无法以友好方式解决，

通常会推选公证人士为仲裁者，为对方做公平合理的判断，而当事人也应该服从仲裁者的决定。仲裁者的判断与法院之确定判决，具有同样效力。

273. 生产成本

[英文] Production cost

[俄文] Производственная стоимость

[注释] 生产成本是指生产制造阶段的总成本，为机体工程费用、试飞费用、工装费用、制造劳务费用、质量控制费用、材料费用、客机内饰费用和发动机、电子设备等成品采购费用各项总和并考虑筹款利息。

274. 湿租

[英文] Wet lease

[俄文] Аренда воздушного судна с экипажем

[注释] 连同飞行机组，甚至乘务机组和机务人员都租赁的一种飞机租赁形式。

275. 时隙

[英文] Slot

[俄文] Слот

[注释] 也称机场起降时段、时槽，指航班时刻。在某一固定的时间内，飞机在一个机场起飞或降落的权利。

276. 实盘/确定报价/稳固报价

[英文] Firm offer

[俄文] Твердое предложение

[注释] 实盘是指发盘人（发价人）对接受人所提出的是一项内容完整、明确、肯定的交易条件，一旦送达受盘人（即接受人或称受发价人）之后，则对发盘人产生拘束力，发盘人在实盘规定的有效期内不得将其撤销或加以变更。

277. 市场

[英文] Marketplace

[俄文] Базарная площадь

[注释] 是指商品买卖的场所。从市场营销学的角度，市场（market）指有某种特定需要和欲望，并且愿意而且能够通过交换来满足需要和欲望的所有潜

在顾客和现实顾客。

278. 市场调研

[英文] Market research

[俄文] Рыночное обследование

[注释] 市场调研，是指为了提高产品的销售决策质量、解决存在于产品销售中的问题或组织根据特定的决策问题运用科学的方法有目的收集、统计资料及报告调研结果的工作过程。

279. 市场份额

[英文] Market share

[俄文] Рыночная квота

[注释] 指一个企业的销售量或销售额在市场同类产品中所占的比重。

280. 市场价格

[英文] Market price

[俄文] Рыночная цена

[注释] 指评估者认为在评估时段的市场条件下最接近于飞机成交价的价格。

281. 市场价值

[英文] Market value

[俄文] Рыночная стоимость

[注释] 指评估者认定的、飞机处于当时感知的市场环境下所可能产生的、最可能的交易价格。

282. 市场渗透

[英文] Market penetration

[俄文] Проникновение на рынок

[注释] 指实现市场逐步扩张的拓展战略。

283. 市场营销

[英文] Marketing

[俄文] Маркетинг

[注释] 是指对创意、产品和服务的构思、定价、分销和促销负需求（Negative

demand）进行计划和执行的过程，旨在创造满足个人和组织目标的交换。（美国市场营销协会，1985）

284. 市场营销组合

[英文] Marketing mix

[俄文] Маркетинг микс

[注释] 指企业用来进占目标市场、满足顾客需求的各种营销手段的组合，即 4P 组合。

285. 市场增长率

[英文] Growth rate of market

[俄文] Скорость нарастания рынка

[注释] 指产品或劳务的市场销售量或销售额在比较期内的增长比率。

286. 收入效应

[英文] Income effect

[俄文] Эффект дохода

[注释] 指由商品的价格变动所引起的实际收入水平变动，进而由实际收入水平变动引起的商品需求量的变动。

287. 收益

[英文] Yield

[俄文] Прибыль

[注释] 航空公司每个收入旅客公里的获利。即航空公司每一个售出的座位飞行 1 公里所得到的收入。收入等于总运营收入除以旅客周转量。

288. 收益管理

[英文] Revenue management

[俄文] Управление доходами

[注释] 在合适的时间、合适的地点，将合适的产品以合适的价格销售给合适的消费者，以实现收益的最大化。

289. 收支相抵点

[英文] Break even point

[俄文] Точка безубыточности

[注释] 指厂商无经济利润但能实现正常利润的均衡点，是边际成本与平均成本的交点。

290. 首次交付验收

[英文] First delivery acceptance (FDA)

[俄文] Первый прием товара BFE

[注释] 设备运抵工厂后进行的首次交付验收。

291. 售后回租

[英文] Sale and lease-back

[俄文] Обратный лизинг

[注释] 航空公司将所有的飞机出售给租赁公司，同时再从该租赁公司租回来的一项飞机租赁交易。

292. 枢纽航线网络

[英文] Hub-and-spoke network

[俄文] Сеть-центр-радиации

[注释] 又称为中枢辐射式航线网络，枢纽辐射式航线网络或轮辐式航线网络，指含有枢纽机场（或城市）和非枢纽机场（或城市）的航线网络模式，航线的安排以枢纽城市为中心，以干线形式满足枢纽城市间旅客与货物运输的需要，同时以支线形式由枢纽城市辐射至附近各中小城市，以汇集和疏散旅客与货物，干支线间有严密的航班时刻衔接计划。

293. 数据交换

[英文] Data exchange

[俄文] Обмен данными

[注释] 航空产品全生命周期内，按照约定的数据格式在软件系统之间进行的产品数据交流和共享。

294. 数字化文件发放

[英文] Digital document releasing

[俄文] Выпуск цифрового документа

[注释] 将数字化文件按规定的流程传输给使用部门的过程。

295. 数字化文件归档

[英文] Digital document filing

[俄文] Цифровая регистрация документов

[注释] 数字化文件形成部门或相关部门，将数字化文件向档案部门移交管理权限，或移交脱机载体上文件的过程。

296. 双边贸易额

[英文] The bilateral trade volume

[俄文] Двухсторонний торговый оборот

[注释] "双边贸易额"是指两国或地区之间的贸易总额。

297. 水平多元化

[英文] Horizontal diversification

[俄文] Горизонтальная диверсификация

[注释] 利用原有市场，采用不同的技术开发新产品，增加产品种类。

298. 水平一体化

[英文] Horizontal integration

[俄文] Горизонтальная интеграция

[注释] 企业收购、兼并竞争者的同种类型的企业，或者在国内外与其他同类企业合资生产经营等。

T

299. 提存

[英文] Escrow

[俄文] Депозит

[注释] 债务人在履行债务时，由于债权人受领迟延，债务人有权把应给付的金钱或其他物品寄托法定的提存所，从而使债的关系归于消灭的一种行为。

300. 提单

[英文] Bill of loading

[俄文] Накладная

[注释] 是运送人或其他代理人所发交与托运人的货运单据，也是运送人与托运人协定将货由一处运到另一处的契约凭据。

301. 条形码

[英文] Bar code

[俄文] Штрих-код

[注释] 条形码是将宽度不等的多个黑条和空白，按照一定的编码规则排列，用以表达一组信息的图形标识符。常见的条形码是由反射率相差很大的黑条（简称条）和白条（简称空）排成的平行线图案。条形码可以标出物品的生产国、制造厂家、商品名称、生产日期、图书分类号、邮件起止地点、类别、日期等许多信息，因而在商品流通、图书管理、邮政管理、银行系统等许多领域都得到了广泛的应用。

302. 停产 (产品)

[英文] Deletion

[俄文] Снимать с производства

[注释]（工厂或作坊）停止生产。

303. 通航城市

[英文] Destinations cities

[俄文] Судоходные городы

[注释] 指我国民航定期航班所通航的国内外城市。其中：国内航线通航城市，是指我国民航在国内通航的城市；国际航线通航城市，是指我国民航在国外的通航城市；内地通航香港、澳门城市，特指内地城市中与香港、澳门地区通航的城市。

304. 同心多元化

[英文] Concentric diversification

[俄文] Концентрическая диверсификация

[注释] 利用原有的技术、特长、经验等开发新产品，增加产品种类，从同一圆心向外扩大经营范围。

305. 头期款/定金

[英文] Down payment

[俄文] Первоначальный платёж

[注释] 定金是在合同订立或在履行之前支付的一定数额的金钱或替代物作为担保的担保方式。

306. 投资收益率

[英文] Return on investment

[俄文] Прибыль на инвестиции

[注释] 指投资收益（税后）占投资成本的比率。

307. 弹性预算

[英文] Flexible budget

[俄文] Гибкий бюджет

[注释] 指以预算期间可能发生的多种业务量水平为基础，分别确定与之相应的费用数额而编制的能适应多种业务量水平的费用预算。

W

308. 外贸经营权

[英文] Qualifications of foreign trade

[俄文] Право на занятие внешней торговлей

[注释] 进出口经营权是指拥有进出口权的企业，可依法自主地从事进出口业务；无进出口经营的企业，可自行选择外贸代理企业，并可参与外贸谈判等。

309. 旺季

[英文] Busy season

[俄文] Оживлённый сезон

[注释] 指增多活动的时间段；产品产量、销售量增加的时期或时节。

310. 微观机队规划

[英文] A micro approach to fleet planning

[俄文] Микро-подход к планированию флота

[注释] 一种在航班、航线机型选择的基础上，按"从下到上"（即从局部到整体）的顺序进行分析，得出航空公司机队中短期规划结果的机队规划（见2.37）方法。

311. 违约

[英文] Breach of contract

[俄文] Нарушение договора

[注释] 违约行为是指合同当事人违反合同义务的行为。违约行为是违约责任的基本构成要件，没有违约行为，也就没有违约责任。

312. 维修成本

[英文] Maintenance cost

[俄文] Стоимость технического обслуживания

[注释] 维修成本由航线维护、基地维修、部件维修和发动机维修四部分构成，依据维修间隔要求呈周期性变化，与机型、机龄、运行因素以及航空公司经营模式等有关。

313. 无限责任公司

[英文] Unlimited liability company

[俄文] Компания с неограниченной ответственностью

[注释] 是指两人以上股东组织，全体股东对公司债务负连带无限责任的公司。

314. 无需求

[英文] No demand

[俄文] Нет спроса

[注释] 指目标市场对某种产品毫无兴趣的需求状况。

315. 物流公司

[英文] Physical distribution firms

[俄文] Логическая компания

[注释] 协助厂商储存并把货物运送到目的地的公司。物流的要素主要包括包装、运输、仓储、装卸、搬运、库存控制、订单处理等。

316. 物流信息

[英文] Logistics information

[俄文] Логическая информация

[注释] 物流活动中必要的信息为物流信息。物流信息在物流活动中起着神经系统的作用。

317. 物流信息平台

[英文] Logistics information platform

[俄文] Платформа логической информации

[注释] 是物流产业的重要组成部分，其对物流产业的发展起着基础性的支撑作用。

X

318. 瑕疵品

[英文] Defective item

[俄文] Дефектная деталь

[注释] 是指有残缺的产品、残次品。

319. 下降需求

[英文] Declining demand

[俄文] Снижающийся спрос

[注释] 指市场对某种产品的需求呈下降趋势。

320. 现金运营成本

[英文] Cash operating cost

[俄文] Операционная себестоимость наличных средств

[注释] 直接运营成本除去所有权成本之外的其他全部成本，包括机组成本、

燃油成本、维修成本、机场收费、导航收费、餐食费、地面服务费和民航建设基金。

321. 现值

[英文] Present value

[俄文] Текущая стоимость

[注释] 资金按规定的折现率，折算成现在或指定起始日期的数值。

322. 相对优势

[英文] Relative advantage

[俄文] Относительное преимущество

[注释] 商品之间价格关系的动态反映，专指两种或多种商品间由供给与需求作用所形成的价格比例关系。

323. 相关成本

[英文] Interrelated cost

[俄文] Коррелятивная стоимость

[注释] 指对企业经营管理有影响或在经营管理决策分析时必须加以考虑的各种形式的成本。

324. 项目协调备忘录

[英文] Program coordination memo (PCM)

[俄文] Памятка о координации программой

[注释] 项目协调备忘录是主制造商、供应商之间在项目管理、合同商务管理领域内进行信息交流、工作协调的正式文件。

325. 信息源

[英文] Source

[俄文] Источник

[注释] 是具有交际需要和愿望的具体的人。

326. 许可证贸易

[英文] Licensing

[俄文] Торговля лицензии

[注释] 许可证贸易是技术许可方将其交易标的的使用权通过许可证协议或

合同转让给技术接受方的一种交易行为。

327. 行动

[英文] Action

[俄文] Действия

[注释] 指交际的适当而有效的行为表现。

328. 型号档案

[英文] Type archives

[俄文] Архивы Типа

[注释] 在型号（指航空器（民用飞机）及配套产品）的科研、生产、服务等过程中形成的具有保存价值的文字、图表、声像、电子等各种形式和载体的文件材料。

329. 需求

[英文] Demand

[俄文] Спрос

[注释] 指有购买力的欲望。

330. 需要

[英文] Need

[俄文] Требование

[注释] 是指未得到满足的感觉状态。

331. 选项指南

[英文] Option guide

[俄文] Руководство по опции

[注释] 选项指南为一份（或一系列）客户选项说明书，其全面描述了可供客户选择的选项/BFE 设备及其详细构型信息（或可包含价格信息），一般由市场营销部牵头并按照选项规定和相关工程、商务信息汇编而成，以用于指导客户客制化构型所参考和使用。

332. 选项咨询

[英文] Option consultation

[俄文] Опционная консультация

[注释] 是指客户选型过程中，制造商选型人员为辅助航空公司选型，提供选项推介、技术交流、疑问答复和资料反馈的活动。

333. 选型启动会议

[英文] Kick off meeting

[俄文] Первоначальное совещание

[注释] 是指制造商与航空公司客户召开的启动客户选型工作的首次会议。

334. 询盘

[英文] Enquiry

[俄文] Опрос

[注释] 是要求提供有关交易的信息，如商品的价格单，目录，样品以及贸易条件。询盘可由进口商或出口商提出，收到询盘后，作为惯例应立即回复以便开始交易磋商。

Y

335. 研制费用

[英文] Research cost

[俄文] Стоимость исследовательских работ

[注释] 民用飞机的研制费用是指民用飞机研究、研制、试验及鉴定阶段所需费用的总称。包含飞机研制费、飞机机体设计费用、试制和试验费用、飞行试验机费用、试验费用、试验及模拟设施费用等。

336. 要约

[英文] Offer

[俄文] Предложение

[注释] 指当事人一方提出订约条件，愿与对方订立合同的单身表示。

337. 已承兑票据

[英文] Accepted bill

[俄文] Принимаемый счёт к оплате

[注释] 已经承诺兑付的票据。承兑：是付款人在汇票上签章表示承诺将来在汇票到期时承担付款义务的一种行为。承兑行为只发生在远期汇票的有关活动中。

338. 已批准供应商清单

[英文] Approved supplier list (ASL)

[俄文] Перечень утверждённых поставщиков

[注释] 也称"合格供货商清单"。该清单是供应商管理的主要工具之一，通常按字母顺序排列。其中包含了一系列已与企业在质量、价格等方面达成一致的供应商，并且企业的进货代理人或企业内的采购部门可以在任何需要的时候向此清单上的供应商下订单。原则上，采购部门只能从此清单上选择供应商。在此，供货商的概念涵盖（欲采购）产品制造商、标准件制造商、系统集成商、外协合同承包方、（设备）维护维修方、服务承包商、分销商、中介机构等。在欧美国家，ASL 多用于航空航天制造业，QVL 多用于 IT 电子制造业，两者交叉用于政府机构和国防产品企业。

339. 溢价

[英文] Mark-upprice

[俄文] Выпуск по курсу выше номинала

[注释] 指所支付的实际金额超过证券或股票的名目价值或面值。

340. 营销导向

[英文] Marketing orientation

[俄文] Ориентация маркетинга

[注释] 以市场需求为依据，生产适销对路的产品获取利润为目的。

341. 营销服务公司

[英文] Marketing services agencies

[俄文] Компания служба маркетинга

[注释] 协助厂商推出并促销产品到恰当的市场的机构，如市场研究公司、

营销咨询策划公司、广告公司等。

342. 营销网络

[英文] Marketing network

[俄文] Сеть маркетинга

[注释] 是指企业与顾客、经销商、供应商及其他关联方建立起来的较为稳定的业务关系。

343. 营运收入

[英文] Operating revenue

[俄文] Доход операции

[注释] 航空公司商业运营的总收入（包括定期航班和不定期航班），收入来源包括客运，货运，超重行李收费以及其他相关收入。

344. 邮件运输量

[英文] Post transportation volume

[俄文] Объем почтовых перевозок

[注释] 运输飞行所载运的邮件重量。原始数据以公斤为计算单位，汇总时以吨为计算单位。统计方法与货物运输量一致。（见货物运输量）

345. 邮件周转量

[英文] Post ton kilometers

[俄文] Почтовые тонн-километры

[注释] 反映航空邮件在空中实现位移的综合性生产指标，体现航空运输企业所完成的邮件运输工作量。计算单位为吨公里，汇总时以万吨公里为计算单位。计算公式：邮件周转量（吨公里）= $\sum$（航段邮件运输量[吨]×航段距离[公里]）。

346. 有限合伙

[英文] Limited partnership

[俄文] Ограниченное партнерство

[注释] 有限合伙是指由至少一名普通合伙人和至少一名有限合伙人组成的企业，普通合伙人对合伙企业的债务负无限责任，有限合伙人只负有限责任，即以其出资额为限对合伙承担有限责任。

347. 有限责任公司

[英文] Limited liability company

[俄文] Общество с ограниченной ответственностью

[注释] 股东以其出资额为限对公司承担责任，公司以全部资产对公司的债务承担责任的公司。

348. 预测价值

[英文] Forecast values

[俄文] Прогнозируемая стоимость

[注释] 指的是在评估当时对飞机未来价值的评估。评估人通常按照"半寿状态"和"全寿状态"两种维修状态给出"预测基本价值"（Forecast Base Values）和"预测疲软市场价值"（Forecast Soft Market Value）。

349. 预付运费

[英文] Advance freight

[俄文] Авансовый фрахт

[注释] 是指在到期日前偿付对于支付货运或全部或部分使用船只、火车、飞机或其他类似运输手段的费用。

350. 运输机场

[英文] Airport

[俄文] Аэропорт

[注释] 定期航班运输服务的机场，按航线类别分为国内航线定期航班机场和国际航线定期航班机场。机场飞行区按照飞行区指标Ⅰ和指标Ⅱ进行分级，两者中取其较高等级。（见飞行区指标Ⅰ，飞行区指标Ⅱ）。

351. 运输总周转量

[英文] Revenue ton kilometers (RTKs)

[俄文] Доход тонн-километры

[注释] 反映旅客、货物、邮件在空中实现位移的综合性生产指标，综合体现航空运输工作量。以吨公里为计算单位，汇总时以万吨公里为计算单位。计算公式：运输总周转量 = 旅客周转量[吨公里] + 邮件周转量 + 货物周转量。

Z

352. 载运率

[英文] Load factor

[俄文] Коэффициент (коммерческой) загрузки

[注释] 运输飞行所完成的运输总周转量与可提供吨公里之比，针对某一具体航段时，指航班承运的旅客、货物、邮件重量（吨）与航班可提供业载之比。综合反映飞机运载能力的利用程度。

353. 再订货/续订

[英文] Repeat order

[俄文] Повторный заказ

[注释] 买方在订购并行销售某产品之后，若觉得满意，便会依前次订货的内容、条件与价钱，再次向卖方订货。

354. 责任中心

[英文] Responsibility center

[俄文] Ответственный центр

[注释] 是指企业在划分责任和权力的基础上，接受上级授权和规定的责任，并行使其职能的、有专人负责的内部核心单位。

355. 债权人会议

[英文] Creditors' meetings

[俄文] Собрание кредиторов

[注释] 是全体债权人参加破产程序并集体行使权力的决议机关，是在破产程序的意思发表机关。

356. 折让

[英文] Allowance

[俄文] Усадка

[注释] 折让：就是冲减已有的金额，既增值税发票已开且不能作废，这样的话，由购货方出具证明，向税务机关申请开具红字增值税发票进行折让冲销。

357. 整体抽样

[英文] Cluster sampling

[俄文] Кластерный выборка

[注释] 整体抽样法是将总体分成许多群，每个群由个体按一定方式结合而成，然后随机地抽取若干群，并由这些群中的所有个体组成样本。这种抽样法的优点是，抽样实施方便，缺点是，由于样本只有自个别几个群体，而不能均匀地分布在总体中，因而代表性差，抽样误差大。这种方法常用在工序控制中。

358. 支票

[英文] Checks

[俄文] Чеки

[注释] 支票是以银行为付款人的即期支付一定金额的支付证券。《英国票据法》把支票看作是以银行为付款人的即期汇票。

359. 知识产权保护

[英文] The protection of intellectual property

[俄文] Защита имущественных прав знаний

[注释] 知识产权保护，狭义上通常被理解为通过司法和行政执法来保护知识产权的行为。但这种局限于司法和行政执法双轨制的保护体系既不能完全有效地保护知识产权，也不能构成知识产权保护所涵盖的全部内容，因此就有必要将知识产权保护的概念扩展到更广的意义层面。广义的知识产权保护是指依照现行法律，对侵犯知识产权的行为进行制止和打击的所有活动总和。这样更广层面的知识产权保护定义才能更系统、全面地反映知识产权保护的所有内容。

360. 直接维修成本

[英文] Direct maintenance cost

[俄文] Прямые расходы на техническое обслуживание

[注释] 与飞机部件及发动机维护相关的人工及材料成本。

361. 直接运行成本

[英文] Direct operating cost

[俄文] Прямые эксплуатационные расходы

[注释] 是指与机队运行有关的成本，主要由所有权成本、燃油成本、空勤成本、起降费、地面操作成本、导航费和维修成本等构成。

362. 直接租赁

[英文] Direct leasing

[俄文] Прямой лизинг

[注释] 直接通过银行机构获得贷款来购机。通常由多家银行组成的财团提供贷款，大多数的直接借贷要以飞机为抵押。一般来说，借贷者很难得到购机的无担保贷款，除非借贷者有很高的信誉度和稳定的现金流。在直接贷款购机的方式下，航空公司拥有飞机的所有权，可以利用分摊折旧成本的方法来减少纳税额。

363. 直线职权

[英文] Line authority

[俄文] Линейное право

[注释] 直线人员所拥有的包括发布命令及执行决策等的权力，也就是通常所指的指挥权。

364. 制造商 SCN (见 技术规范更改通知)

[英文] Manufacture specification change notice (MSCN)

[俄文] Извещение об изменении спецификации производства

[注释] 假定制造商以某种对标准规范涉及重量、性能担保、互换性能力或价格不产生不利影响的方式，更改标准规范，进行产品改进。则这样的更改通过 MSCN 通知客户。

365. 仲裁协议

[英文] The arbitration agreement

[俄文] Арбитражное соглашение

[注释] 仲裁协议是指合同当事人通过在合同中订明仲裁条款，签订独立仲裁协议或采用其他方式达成的就有关争议提交仲裁的书面协议，表明当事人承认仲裁裁决的拘束力，将自觉履行其义务。

366. 制造和采购成本

[英文] Recurring cost (RC)

[俄文] Периодические издержки

[注释] 制造和采购成本（重复性成本），包括原材料、发动机和设备成品的采购；机体制造；飞机总装；产品质量控制和批生产试飞等。

367. 专机

[英文] Special plane

[俄文] Специальный самолет

[注释] 符合国家规定的重要包机飞行。

368. 专利保护

[英文] Patent protection

[俄文] Защита патента

[注释] 专利保护是指在专利权被授予后，未经专利权人的同意，不得对发明进行商业性制造、使用、许诺销售、销售或者进口，在专利权受到侵害后，专利权人通过协商、请求专利行政部门干预或诉讼的方法保护专利权的行为。

369. 转口贸易

[英文] Entrepot trade

[俄文] Транзитная торговля

[注释] 转口贸易又称中转贸易（ Intermediary trade ）或再输出贸易（ Re-Export trade ），是指国际贸易中进出口货物的买卖，不是在生产国与消费国之间直接进行，而是通过第三国转手进行的贸易。这种贸易对中转国来说就是转口贸易。交易的货物可以由出口国运往第三国，在第三国不经过加工（改换包装、分类、挑选、整理等不作为加工论）再销往消费国；也可以不通过第三国而直接由生产国运往消费国，但生产国与消费国之间并不发生交易关系，而是由中转国分别同生产国和消费国发生交易。

370. 转租

[英文] Sub-lease

[俄文] Субаренда

[注释] 将飞机租进租出的一项租赁交易，即第一承租人租入飞机后，再将

飞机租给别的用户的飞机租赁交易。

371. 资本收益

[英文] Capital gain

[俄文] Прирост капитала

[注释] 指人们卖出股票（或其他资产）时所获得的超过原来为它支付的那一部分。

372. 子公司

[英文] Subsidiary

[俄文] Дочерняя компания

[注释] 处于被控制或者依附地位，但有独立的法人资格，依法独立承担民事责任。

373. 自由贸易区

[英文] Free trade zone (FTZ)

[俄文] Зона свободной торговли

[注释] 自由贸易园区是指在贸易和投资等方面比世贸组织有关规定更加优惠的贸易安排；在主权国家或地区的关境以外，划出特定的区域，准许外国商品豁免关税自由进出。

374. 自愿配额

[英文] Voluntary quota

[俄文] Добровольная квота

[注释] 指为了表达良好的愿望（并为了未来的谈判地位），国家之间会签订自愿的协定，限制出口到另一国的商品的数量。

375. 综合险 (一切险)

[英文] All risks

[俄文] Полный риск

[注释] 除包括共同海损和单独海损责任外，保险公司对被保险货物在运输中由于外来原因造成的端量、渗漏、雨淋、受潮、串味等全部或部分损失负责赔偿，但不应认为所有可能发生的危险都已包括在内，如不合格包装、内存在缺点等就不包括在内。

376. 总代理

[英文] General agent

[俄文] Главный агент

[注释] 总代理是委托人在指定地区的全权代理，是买卖双方关系更紧密的一种营销方式。

377. 总运行成本

[英文] Total operating cost

[俄文] Общие эксплуатационные расходы

[注释] 商用飞机总运行成本可以分为直接运行成本和间接运行成本。

378. 租船协议

[英文] Charter party

[俄文] Чартерная партия

[注释] 是船舶所有人与承租人达成的协议,规定承租人以一定的条件向船舶所有人租用一定的船舶或一定的舱位以运输货物,并就双方的权利和义务、责任与豁免等各项以条款形式加以规定,用以明确双方的经济、法律关系。

379. 最少过站时间

[英文] Minimum turn-around time

[俄文] Минимальное времяподготовки к очередному полёту

[注释] 通常情况下航班过站需要的最少时间。航空公司安排航班计划时,不得少于最少过站时间。《国家民航局的航班正常统计办法》规定了最少过站时间标准：飞机座级在 60 座及以下，最少过站时间为 35 分钟；61~150 座,最少过站时间为 45 分钟；151~250 座,最少过站时间为 55 分钟；251~300 座，最少过站时间为 65 分钟；301 座及以上，最少过站时间为 75 分钟。

商用飞机管理术语缩略语

A

缩略语	英文全称	译　文	俄　文
ABL	Allocated baseline	分配基线	Принятая база
AC	Actual cost	实际成本	Фактическая себестоимость
AC	Advisory circular	咨询通告	Консультативный циркуляр
ACAP	Aircraft characteristics for airport planning	用于机场计划的飞机特性手册	Характеристики воздушного судна для планирования аэропорта
ACD	Allocated configuration documentation	分配构型文件	Документация компонентной конфигурации
ACWP	Actual cost for work performed	已完工作实际成本	Отчестная себестоимость выполнения работы
AD	Airworthiness directive	适航指令	Директива лётной годности
ADAS	Airborne data acquisition system	机载测试系统	Бортовая система сбора данных
ADM	Arrow diagramming　method	箭线法	Операции в стрелах
AEG	Aircraft evaluation group	航空器评审组	Группа оценки воздушных судов
AF	Actual finish date	实际完成时间	Фактическое время выполнения
AFM	Aircraft flight manual	飞机飞行手册	Руководство по лётной эксплуатации воздушного судна
AI	Aircraft interface	飞机接口	Интерфейс воздушного судна
AIP	Aviation information publication	航行资料汇编	Публикация авиационно информации
AIPC	Aircraft illustrated parts catalog	飞机图解零件目录	Иллюстрированный каталог деталей воздушного судна
ALI	Airworthiness limitation items	适航限制项目	Элементы ограничения лётной годности

续表

缩略语	英文全称	译 文	俄 文
ALR	Aircraft level requirements	飞机级需求	Требования к уровню воздушных судов
AML	Approved model list	批准型号清单	Перечень одобренных моделей
AMM	Aircraft maintenance manual	飞机维修手册	Руководство по технической эксплуатации
AMOC	Alternative methods of compliance	符合性替代方法	Альтернативные методы оценки соответствия
AMTOSS	Aircraft maintenance task oriented support system	飞机维修任务定向支援系统	Проблемно-ориентированная вспомогательная система технического обслуживания воздушных судов
ANSI	American national standards Institute	美国国家标准学会	Американский национальный институт стандартов
AOA	Activity-on-arrow	箭线图法	Операции в стрелах
AON	Activity-on-node	活动节点法	Операции в узлах
AP	Airworthiness procedure	适航管理程序	Процедуры по лётной годности
APU	Auxiliary power units	辅助动力装置	Вспомогательная силовая установка
ARM	Aircraft recovery manual	飞机抢救手册	Руководство по аварийно-восстановительным работам на воздушном судне
AS	Actual start date	实际开始时间	Фактическое время наступления
ASDE	Airport surface detection equipment	机场场面探测雷达	Радиолокационная станция на поверхностиаэропорта
ASKs	Available average seats kilometers	可提供座公里	Располагаемые средние пассажиро-километры
ASL	Approved supplier list	已批准供应商清单	Перечень утверждённых поставщиков
ASN	Aircraft serial number	飞机架次号	Серийный номер воздушного судна

续表

缩略语	英文全称	译 文	俄 文
ATKs	Available tonne kilometers	可提供吨公里	Располагаемые тонно-километры
ATP	Authorized to proceed	立项评审	Уполномоченный действовать
AV	Actual value	实际成本	Фактическая стоимость
		B	
BAA	Bilateral airworthiness agreement	双边适航协议	Двустороннее соглашение о летной годности
BAC	Budget at completion	完工预算	Бюджет по завершении(БПЗ)
BCWP	Budgeted cost for work performed	已完成工作预算成本	Плановая стоимость выполненных работ
BCWS	Budgeted cost of work scheduled	(工作)预算进度成本	Плановая стоимость запланированных работ
BEW	Basic empty weight	基本空机重量	Вес пустого снаряженного воздушного судна
BFE	Buyer furnished equipment	买方提供设备	Обеспечение оборудования,покупателем
BIPM	Bureau of international weights and measures	国际计量局	Международное бюро мер и весов (МБМВ)
BOM	Bill of material	材料清单	Ведомость материалов
BP	Backward pass	逆推法	Проход назад
		C	
CA	Corrective action	纠正措施	Корректирующее мери
CA	Control account	控制账户	Контрольный счет
CAAC	Civil aviation administration of China	局方（中国）	Администрация гражданской авиации Китая

续表

缩略语	英文全称	译 文	俄 文
CAL	Change auditing list	更改审核清单	Список ревизии изменений
CASK	Cost available seat kilometer	单位可用座公里成本	Стоимость располагаемых пассажиро-километров
CBS	Cost breakdown structure	费用分解结构	Иерархическая структура затрат
CCA	Common cause analysis	共因分析	Анализ общих причин
CCAR	China civil aviation regulations	中国民用航空规章	Правила гражданской авиации Китая
CCB	Change control board	变更控制委员会	Комиссия по контролю изменений
CCB	Configuration control board	构型控制委员会	Комиссия по контролю конфигураций
CCC	Crash crew chart	应急处置图	Схема аварийной команды
CCL	Compliance check list	符合性检查清单	Список проверки соответствия
CCM	Customer service coordination memo	客户服务协调备忘录	Памятка о координации обслуживания клиентов
CCMO	Center configuration management office	中心构型管理办公室	Центральный отдел управления конфигурациями
CCMR	Candidate certification maintenance requirement	候选审定维修要求	Требование к техническому обслуживанию сертификации кандидатов
CCO	Configuration control office	构型控制办公室	Отдел контроля конфигураций
CCOM	Cabin crew operation manual	客舱机组操作手册	Руководство для бортпроводников
CCT	Configuration control team	构型控制团队	Группа контроля конфигураций
CDF	Contractual/Configuration define freeze	合同/构型定义冻结	Окончательное утверждение описания конфигурации
CDL	Configuration deviation list	构型偏离清单	Перечень допустимых отклонений конфигурации

续表

缩略语	英文全称	译 文	俄 文
CDR	Critical design review	关键设计评审	Ключевый проектный обзор
CELC	Cabin equipment location chart	客舱应急设备位置图	Схема расположения аварийного оборудования в кабине
CFE	Customer furnished equipment	客户提供（的）设备	Оборудование, установленное заказчиком
CFO	Chief financial officer	财务总监	Финансовый контролёр
CFR	Cost and freight	成本加运费	Стоимость и фрахт
CG	Centre of gravity	重心	Центр тяжести
CI	Configuration item	构型项	Элемент конфигурации
CIF	Cost insurance and freight	到岸价	Стоимость, страхование и фрахт
CL	Change list	更改清单	Список изменений
CLG	Component location guide	机载设备位置指南	Руководство по расположению бортовых оборудований
CM	Configuration management	构型管理	Управление конфигурациями
CM	Coordination memo	协调备忘录	Координационная памятка
CMB	Configuration management board	构型管理委员会	Комиссия по управлению конфигурациями
CMM	Component maintenance manual	机载设备维修手册	Руководство по техническому обслуживанию компонентов
CMO	Configuration management office	构型管理办公室	Отдел управления конфигурациями
CMP	Configuration management plan	构型管理计划	План управления конфигурациями

续表

缩略语	英文全称	译文	俄文
CMR	Certification maintenance requirement	审定维修要求	Сертификационное требование к техническому обслуживанию
COD	Cash on delivery	货到付款	Платеж по доставке
COQ	Cost of quality	质量成本	Стоимость качества
COTS	Commercial-off-the-shelf	货架产品	Готовые к коммерческому использованию
CP	Certification plan	审定计划	План сертификации
CPAF	Cost plus award fee contracts	成本加奖励费用合同	Контракт «Затраты плюс премиальные»
CPFF	Cost plus fixed fee contract	成本加固定费用合同	Контракт «Затрат плюс установленное вознаграждение»
CPI	Cost performance index	成本绩效指数	Индекс эффективности себестоимости(ИВСТ)
CPIF	Cost plus incentive fee contract	成本加激励费用合同	Контракт «Затрат плюс поощрительное вознаграждение»
CPM	Consumable product manual	消耗品手册	Руководство по расходным материалам
CPP	Certification project plan	审定项目计划	План проекта сертификации
CR	Change request	变更请求	Запрос на изменение
CRM	Continues risk management	持续风险管理	Непрерывное управление рисками
CRM	Certified reference material	有证参考材料	Сертифицированный справочный материал
CS	Certification specification	审定规范(EASA常用)	Сертификационная спецификация
CSA	Configuration status accounting	构型纪实	Учет статуса конфигурации

续表

缩略语	英文全称	译文	俄文
CSCI	Computer software configuration item	计算机软件构型项	Элемент конфигурации компьютерного программного обеспечения
CSDB	Common source database	公共源数据库	Общая база исходных данных
CV	Cost variance	成本偏差	Отклонение стоимости
		D	
DAH	Design approval holder	设计批准持有人	Держатель одобрения проектирования
DAS	Design assurance system	设计保证系统	Система обеспечения проектирования
DBL	Design baseline	设计基线	Проектная база
DCI	Configuration item for design view	设计视图构型项	Элемент конфигурации для просмотра конструкции
DD	Data date	数据日期	Дата данных
DDG	Dispatch deviation guide	放飞偏离指南	Руководство по вылетам с отклонениями
DDM	Design module for design view	设计视图的设计模块	Модуль проектирования для просмотра конструкции
DDP	Detailed design phase	详细设计阶段	Этап рабочего проектирования
DDR	Detailed design review	详细设计评审	Проверка рабочего проектирования
DDU	Delivered duty unpaid	指定目的地未完税交货	Поставка без оплаты пошлин
DER	Designated engineering representatives	委任工程代表	Назначенные инженерные представители
DLO	Link object for design view	设计视图关联对象	Связуемый объект для просмотра конструкции
DM	Data management	数据管理	Управление данными

续表

缩略语	英文全称	译 文	俄 文
DM	Design module	设计模块	Модуль проектирования
DMIR	Designated manufacturing inspection representatives	委任生产检验代表	Назначенные представители контроля производства
DMT	Data monitoring terminal	数据监控终端	Терминал контроля данных
DMU	Digital mock-up	数字样机	Цифровой макет
DNI	Drawing numerical index	图纸数字索引	Численный индекс чертежа
DR	Decommissioning review	退役评审	Анализ вывода из эксплуатации
DR	Derived requirements	衍生需求	Полученные требования
DDR	Details design review	详细设计评审	Анализ (Оценка)эскизного проектирования
DTC	Design to cost	定费用设计	Проектирование под заданную стоимость
DTD	Document type definition	文件种类定义	Определение типа документа
DU	Duration	持续时间	Длительность
DW	Delivered weight	交付重量	Вес при доставке
		E	
EAC	Estimate at completion	完工估算	Оценка на завершении
EBOM	Engineering bill of material	工程物料清单	Перечень технических материалов
ECM	Engineering coordination memo	工程协调备忘录	Памятка о координации разработкой
ECP	Engineering change proposal	工程更改建议	Предложение по инженерному изменению

续表

缩略语	英文全称	译　文	俄　文
ECR	Engineering change request	工程更改请求	Запрос технических изменений
EF	Early finish date	最早完成日期	Самая ранняя дата завершения
EFB	Electronic flight bag	电子飞行包	Электронный планшет пилота
EIA	Electronic industries association	(美国)电子工业协会	Ассоциация электронной промышленности
EICD	Electrical interface control document	电气接口控制文件	Документ по контролю электрических интерфейсов
EIPC	Engine illustrated part catalog	发动机图解零件目录	Иллюстрированный каталог деталей двигателя
EIS	Entry into service	投入使用	Ввод в эксплуатацию
EL	Equipment list	设备清单	Список оборудования
ELOS	Equivalent level of safety	等效安全	Эквивалентный уровень безопасности
ELS	Electronic library system	电子文件库系统	Электронно-библиотечная система
EM	Engine manual	发动机手册	Руководство по двигателю
EML	Equipment modification list	设备更改清单	Список модификаций оборудования
EMVA	Expected monetary value analysis	预期货币价值分析	Анализ ожидаемого денежного значения
EMV	Expected monetary value	预期货币价值	Ожидаемого денежного значения
EOQ	Economic order quantity	经济订货批量	Количество экономического заказа
ERM	Engineering review meeting	工程回顾会	Совещание по проверке разработки
ES	Early start date	最早开始日期	Самая ранняя дата начала

续表

缩略语	英文全称	译 文	俄 文
ETC	Estimate to complete	完工尚需估算	Оценка до завершения
EV	Earned value	挣值	Освоенный объем(ОО)
EVM	Earned value management	挣值管理	Управление освоенным объемом
EVPM	Earned value project management	挣值项目管理	Управление освоенным объемом(проекта)
EXW	EX works	工厂交货	Франко-завод
		F	
FA	Functional analysis	功能分析	Функциональный анализ
FAI	First article inspection	首件检验	Инспекция первого серийного образца
FAL	Final assembly line	总装线	Линия окончательной сборки
FAR	Federal aviation regulations	联邦航空条例	Федеральные авиационные правила(ФАП)
FBL	Functional baseline	功能基线	Функциональная базовая линия
FBO	Fixed base operator	固定基地运营商	Оператор фиксированной базы
FC	Function	功能	Функция
FCA	Functional configuration audit	功能构型审核	Проверка функциональной конфигурации
FCD	Functional configuration documentation	功能构型文件	Документация функциональной конфигурации
FCOM	Flight crew operating manual	飞行机组操作手册	Руководство по лётной эксплуатации(РЛЭ)
FD	Functional decomposition	功能分解	Декомпозиция функции

续表

缩略语	英文全称	译 文	俄 文
FDA	First delivery acceptance	首次交付验收	Перый прием товара
FDAL	Function development assurance level	功能研制保证等级	Уровень обеспечения развития функций
FDR	Flight data recorder	飞行数据记录器	Регистратор данных полета
FF	Finish-to-finish	完成到完成	Финиш-финиш
FF	First flight	首飞	Первый полёт
FFP	Firm-fixed-price contract	固定总价合同	Контракт с твердой фиксированной ценой
FHA	Functional hazard assessment	功能危险性评估	Оценка риска функционального отказа
FICD	Functional interface control documentation	功能接口控制文件	Документация по контролю функционального интерфейса
FIM	Fault isolation manual	故障隔离手册	Руководство по изоляции отказа
FIS	Flight information services	飞行情报服务	Службы предоставления полётной информации
FMEA	Failure mode and effect analysis	失效模式与影响分析	Анализ модели отказа последствий и влияния
FMECA	Failure modes, effects and criticality analysis	故障模式、影响和危害性分析	Анализ характера, последствий и критичности отказов
FOB	Free on board	离岸价格	Бесплатно на борту судна
FOEB	Flight operation evaluation board	飞行运行审查委员会	Комиссия по оценке летной эксплуатации
FP	Forward pass	顺推法	Прямой проход
FP	Flight plan	飞行计划	План полёта

续表

缩略语	英文全称	译 文	俄 文
FP-EPA	Fixed price with economic price adjustment contracts	总价加经济价格调整合同	Контракт с фиксированной ценой и оговоркой о возможной корректировке цены
FPIF	Fixed price incentive fee contract	总价加激励费用合同	Контракт с фиксированной ценой и поощрительным вознаграждением
FR	Functional requirements	功能需求	Функциональные требования
FRACAS	Failure reporting, analysis & corrective action system	故障报告、分析和纠正措施系统	Система регистрации сбоев, анализа и корректирующих действий
FRM	Fault report manual	故障报告手册	Руководство по сбору отказа
FRR	Flight readiness review	飞行准备（状态）评审	Проверка готовности к полёту
FRR	Failure and rejection report	故障拒收报告	Извещение об отказе и браковке
FS	Finish-to-start	完成到开始	Финиш-старт
FSB	Flight standard board	飞行标准委员会	Комитет по летной стандартизации
FSN	Fleet serial number	客户标识号/机队序列号	Серийный номер флота
FTA	Fault tree analysis	故障树分析	Анализ древа ошибок
FTE	Flight test engineer	试飞工程师	Инженер по летным испытаниям
FTKs	Freight ton kilometers	货物周转量	Грузовые тонно-километры
FTZ	Free trade zone	自由贸易区	Зона свободной торговли
		G	
GA	Go around	复飞	Ухода на второй круг

续表

缩略语	英文全称	译　文	俄　文
GDAS	Ground data analysis system	地面数据分析系统	Наземная система анализа данных
GEM	Ground equipment manual	地面设备手册	Руководство по наземному обслуживанию
GERT	Graphic evaluation and review technique	图形评审技术	Техника графической квалификации
GSE	Ground support equipment	地面支援设备	Средства наземного обслуживания
GTA	General terms and agreement	通用条款和协议	Общие условия и соглашение
GTS	General technical specification	通用技术规范	Общие технические условия
GUM	Guide to the expression of uncertainty in measurement	测量不确定度表示指南	Руководство по выражению неопределенности в измерении
		H	
HRMP	Human resource management plan	人力资源管理计划	План управления человеческими ресурсами
HWCI	Hardware configuration item	硬件构型项	Элементы аппаратной конфигурации
		I	
IATA	International air transport association	国际航空运输协会	Международная ассоциация воздушного транспорта
ICA	Instructions for continued airworthiness	持续适航文件	Инструкции по поддержанию летной годности
ICAO	International civil aviation organization	国际民航组织	Международная организация гражданской авиации(ИКАО)
ICD	Interface control document	接口控制文件	Документ управления интерфейсом
ICM	Interface coordination memo	接口协调备忘录	Памятка о координации интерфейсом

续表

缩略语	英文全称	译文	俄文
IDD	Industry data dictionary	工业数据字典	Словарь отраслевых данных
IEEE	Institute of electrical and electronics engineering	电气与电子工程师协会	Институт электротехники и электроники
IFB	Invitation for bid	投标邀请书	Приглашение к участию в торгах(IFB)
IFR	Instrument flight rules	仪表飞行规则	Правила полета по приборам
ILS	Integrated logistics support	综合后勤保障	Комплексное материально-техническое обеспечение
IM	Interface management	接口管理	Управление интерфейсом
INF	Interface	接口	Интерфейс
IP	Issue paper	问题纪要	Протокол(Бумаги)вопросов
IPT	Integrated project/product team	集成产品/项目团队	Интегральный проект/группа по проекту
ISBN	International standard book number	国际标准书号	Международный стандартный книжный номер
ISQ	International system of quantities	国际量制	Международная система величин
ISRN	International standard technical report number	国际标准技术报告号	Международный стандартный номер технического отчета
ISSN	International standard serial number	国际标准刊号	Международный стандартный серийный номер
ITN	Integration	集成	Интеграция
ITP	Instruction to proceed	实施指令	Инструкция по выполнению определённой работы

续表

缩略语	英文全称	译文	俄文
		J	
JASC	Joint aircraft system/component code	飞行器系统/组件联合编码	Единые нормы систем/элементов воздушных судов
JCD	Joint concept definition	联合概念定义	Совместное определение понятий
JCDP	Joint concept definition phase	联合概念定义阶段	Этап совместной выработки концепции
JD	Joint definition	联合定义	Совместное определение
JDP	Joint definition phase	联合定义阶段	Этап совместного определения
		K	
KDP	Key decision point	关键决策点（里程碑）	Точка принятия ключевого решения
KM	Knowledge management	（项目）知识管理	Управление знанием
KPI	Key performance index	（项目）关键性能指数	Ключевой показатель эффективности
		L	
LCC	Life cycle cost	全寿命周期成本	Затраты за срок службы
LF	Late finish date	最晚完成日期	Самая поздняя дата окончанияокончания
LO	Link object	关联对象	Ссылка на объект
LODA	Letter of design approval	设计批准信函	Извещение об одобрении проектирования
LOE	Level of effort	支持型活动	Уровень усилия
LOI	Letter of intent	意向书	Письмо о намерениях

续表

缩略语	英文全称	译文	俄文
LOPA	Layout of passenger accommodation	客舱布局图	Компоновка пассажирской кабины
LRHE	List of radioactive&hazardous elements	辐射性及有害元件清单	Список радиоактивных и опасных элементов
LRU	Line replaceable unit	航线可更换单元	Конструктивно-сменный блок
LS	Late start date	最晚开始日期	Дата позднего начала
		M	
MAA	Multilateral airworthiness agreement	多功适航协议	Многостороннее соглашение о летной годности
MARC	Machine readable catalogue	机读目录	Машиночитаемый каталог
MBOM	Manufacturing bill of material	制造物料清单	Технологический состав изделия
MCL	Major component list	主装机设备清单	Перечень основных узлов
MCM	Management coordination memo	管理协调备忘录	Памятка о координации управлением
ME	Manufacturing engineering	制造工程	Технология машиностроения
MEL	Minimum equipment list	最低设备清单	Перечень минимального оборудования
MEW	Manufacturer's empty weight	制造空机重量	Пустой вес от производителя
MFD	Must finish date	必须结束日期	Обязательная дата завершения
MFP	Maintenance facility planning	维修设施计划	Планирование средств технического обслуживания
MFW	Maximum fuel weight	最大燃油重量	Максимальный вес топлива
MG	Maturity gate	成熟节点	Степень проработки секции(вход зрелости)

续表

缩略语	英文全称	译 文	俄 文
MICD	Mechanical interface control document	机械接口控制文件	Документ управления механическими интерфейсами
MIDR	Manufacturing inspection district representative	生产检查地方代表	Представитель производственного инспекционного округа
MIL-HDBK	Military handbook	美国军用标准手册	Справочник по военным вопросам
MIL-STD	Military standard	美国军用标准	Военный стандарт
MIS	Management information system	管理信息系统	Информационная система управления
MLD	Most likely duration	最可能持续时间	Наиболее вероятная продолжительность
MLW	Maximum landing weight	最大着陆重量	Максимальный посадочный вес
MMEL	Master minimum equipment list	主最低设备清单	Основной перечень минимального оборудования
MOA	Memorandum of agreement	协定书、协定备忘录	Меморандум о договоре
MOC	Means of compliance	符合方法	Методы оценки соответствия
MOU	Memorandum of understanding	谅解备忘录	Меморандум о взаимопонимании
MPL	Maximum payload	最大商载	Максимальная полезная нагрузка
MRB	Maintenance review board	维修审查委员会	Комитет обзора технического обслуживания
MRR	Manufacturing readiness review	制造准备评审	Проверка готовности к производству
MSD	Must start date	必须开始日期	Обязательная дата начала
MSN	Manufacturing serial number	制造顺序号	Производственный серийный номер
MSCN	Manufacture specification change notice	制造商 SCN（见 技术规范	Извещение об изменении спецификации

续表

缩略语	英文全称	译文	俄 文
		更改通知)	производства
MT	Modeling technique	建模技术	Методика моделирования
MTOW	Maximum takeoff weight	最大起飞重量	Максимально допустимый взлётный вес
MTW	Maximum taxi weight	最大滑行重量	Максимальный вес при рулении
MUFW	Maximum usable fuel weight	最大可用燃油重量	Максимальный вес используемого топлива
MW	Minimum weight	最小重量	Минимальный вес
MZFW	Maximum zero fuel weight	最大零油重量	Максимальный вес без топлива
		N	
N/A	Not available/applicable/allowed	未提供/不适用/不允许	Недоступно / Неприменимо / Неразрешено
NDT	Non-destructive testing manual	无损检测手册	Руководство по методам неразрушающего контроля
NRC	Non-recurring cost	非重复性成本	Единовременные затраты
NRE	Non-recurring engineering	非重复性工程	Единовременные затраты на проектирование
		O	
OBS	Organizational breakdown structure	组织分解结构	Организационная структура
ODD	On-dock date	到坞日期/上线日期	Дата поступления на склад
OEM	Original equipment manufacturer	原始设备制造商	Оригинальный производитель оборудования
OEW	Operational empty weight	使用空机重量	Вес пустого снаряженного воздушного судна(без пассажиров)

续表

缩略语	英文全称	译 文	俄 文
OI	Operator's item	使用项目	Элемент оператора
OIML	Organization for legal metrology	国际法制计量组织	Организация законодательной метрологии
ORR	Operational readiness review	运行准备（状态）评审	Проверка готовности к эксплуатации
OVT	Optional vendor table	候选供应商表	Опциональная таблица поставщиков
		P	
P/N	Part number	零件号	Номер детали
PAH	Production approval holder	生产许可证持有人	Держатель одобрения производства
PAR	Precision approach radar	精密进近雷达	Радиолокационная станция управления заходом на посадку
PAT	Product & assembly tree	产品/装配树	Деревоизделия и сборки
PBL	Product baseline	产品基线	Базовое изделие
PBOs	Project-based organizations	基于项目的组织	Проектные организации
PBS	Product breakdown structure	产品分解结构	Иерархическая структура изделия
PC	Production certificate	生产许可证	Сертификат производства
PCA	Physical configuration audits	物理构型审核（构型检查）	Аудиты физических конфигураций
PCB	Production certification board	生产许可审定委员会	Комиссия по утверждениюсертификации производства
PCD	Product configuration documentation	产品构型文件	Документация конфигурации изделия

续表

缩略语	英文全称	译文	俄文
PCL	Pilot check list	机组检查单	Контрольный список пилотов
PCM	Program coordination memo	项目协调备忘录	Памятка о координации программой
PCWC	Planned cost of work complete	计划完工成本	Запланированная стоимость выполнения работ
PCWS	Planned cost of work scheduled	(工作)计划进度成本	Запланированная стоимость назначенных работ
PDA	Pre-delivery acceptance	支付验收（试验）	Приемочные работы до поставки(или приемочное испытание до поставки)
PDF	Picture data file	图片资料文档	Файл изображения данных
PDM	Precedence diagramming method	紧前关系绘图法	Метод предшествования
PDM	Product data management	产品数据管理	Управление данными изделий
PDP	Project development plan	项目开展规划	План разработки проекта
PDPC	Process decision program charts	过程决策程序图	Диаграммы программы решения процессов
PDR	Preliminary design review	初步设计评审	Анализ предварительного проектирования
PE	Process engineering	工艺工程	Технологическое проектирование
PE	Project engineering	项目工程	Разработка проекта
PERT	Program evaluation and review technique	计划评审技术	Метод оценки и пересмотра планов
PF	Planned finish date	计划完成日期	Плановое время выполнения работ
PI	Publications index	出版物索引	Индекс публикаций
Pkg	Package	包装	Упаковка

续表

缩略语	英文全称	译文	俄文
PL	Part list	零组件细目表	Список деталей
PL	Policy letter	政策信函	Инструктивное письмо
PLC	Product life cycle	产品（全）寿命周期	Жизненный цикл продукта
PMP	Project management professional	项目管理专家证书	Сертификация профессионала в управлении проектом
PLC	Project life cycle	项目生命周期	Жизненный цикл проекта
PLM	Product life cycle management	产品（全）寿命周期管理	Управление жизненным циклом изделия
PLM	Program life cycle management	工程寿命周期管理	Управление жизненным циклом программы
PLM	Project life cycle management	项目寿命周期管理	Управление жизненным циклом проекта
PM	Project management	项目管理	Управления проектом
PM	Project manager	项目经理	Менеджер проекта
PMA	Parts manufacture approval	零部件制造人批准书	Одобрение на производство деталей
PMB	Performance measurement baseline	绩效测量基准	Базовая линия измерения эффективности
PMBOK	Project management body of knowledge	项目管理知识体系	Свод знаний по управлению проектом
PMO	Project management office	项目管理办公室	Отдел управления проектами
PMP	Project management plan	项目管理规划	План управления проектом
PMP	Certificate of project management professional	项目管理专家证书	Сертификация профессионала в управлении проектами
PMIS	Project management information system	项目管理信息系统	Информационная система управления

续表

缩略语	英文全称	译 文	俄 文
			проектом(ИСУП)
PMS	Process and material specification	工艺和材料规范	Спецификация процессов и материалов
PO	Purchase order	订单	Заказ на покупку
PP	Planning package	规划包	Планирующий пакет
PPBM	Power plant buildup manual	动力装置总成手册	Руководство по винтомоторной установке
PPM	Performance programs manual	性能程序手册	Руководство по эксплуатационным программам
PPP	Phased project planning	项目分段计划	Поэтапное планирование проекта
PR	Problem reporting	问题通报	Отчёт о проблемах
PRM	Program review meeting	项目回顾会	Совещание по обзору программы
PRR	Production readiness review	生产准备（状态）评审	Проверка готовности производства
PRS	Probabilistic risk assessment	概率风险评估	Вероятностные оценки риска
PS	Product specification	产品规范	Технические условия
PS	Product structure	产品结构	Структура изделия
PSA	Product support agreement	产品支援协议	Соглашение о поддержке продукта
PSAC	Plan for software aspects of certification	软件取证计划	План программных аспектов сертификации
PSCP	Partnership for safety plan	安全保障合作计划	Партнерство по плану обеспечения безопасности
PSCP	Project specific certification plan	专项合格审定计划	Специально-сертификационный план проекта
PSG	Passenger safety guide	乘客安全须知	Руководство по безопасности пассажиров

续表

缩略语	英文全称	译 文	俄 文
PSSA	Preliminary system safety assessment	初步系统安全性评估	Предварительная оценка безопасности системы
PTR	Project technical review	项目技术评审	Технический обзор проекта
PTWC	Planned time of work complete	计划完工时间	Запланированное время выполнения работ
PV	Planned value	计划价值	Плановый объем(ПО)
Q			
QA	Quality assurance	（项目）质量保证	Обеспечение качества
QC	Quality control	质量控制	Контроль качества
QCD	Quality control document	质量控制文件	Документ контроля качества
QFD	Quality function deployment	质量功能展开	Развертывание функций качества
QLM	Qualified manufacturers list	合格制造厂目录	Список квалифицированных производителей
QPL	Qualified products list	合格产品清单	Список изделий, разрешенных к применению
QRH	Quick reference handbook	快速检查单	Краткое справочное руководство
QVL	Qualified vendor list	合格供货商清单	Список квалифицированных поставщиков
R			
RACI	Responsible、Accountable、Consulted、Informed	执行、负责、咨询和知情矩阵	Отвечает - Утверждает - Консультирует - Информирует
RAM	Responsibility assignment matrix	责任分配矩阵	Матрица распределения ответственности

续表

缩略语	英文全称	译 文	俄 文
RASK	Revenue available seat kilometer	单位可用座公里收入	Доход от располагаемых пассажиро-километров
RBS	Resource breakdown structure	资源分解结构	Иерархическая структура ресурсов
RBS	Risk breakdown structure	风险分解结构	Иерархическая структура рисков
RC	Recurring cost	重复性成本	Периодические издержки
RD	Requirements document	需求文件	Документ требований
RDU	Remaining duration	剩余历时或工期	Избыточный срок на производство
RE	Requirements engineering	需求工程	Разработка требований
RFC	Request for change	更改请求单	Запрос о внесении изменений
RFC	Request for clarification	澄清问题	Запрос на разъяснения
RFI	Request for information	信息邀请书	Запрос информации
RFP	Request for proposal	建议邀请书	Запрос предложения
RFQ	Request for quotation	报价邀请书	Запрос расценок
RFV	Request for variance	偏离申请	Запрос на отклонение
RM	Risk management	风险管理	Управление рисками
RM	Reference material	参考物质	Справочный материал
RM	Requirements management	需求管理	Управление требованиями
RM	Requirements model	需求模型	Модель требований

续表

缩略语	英文全称	译文	俄文
RM-PMI	Risk management professional	风险管理专家证书	Профессионал в области управления рисками
RMS	Risk management system	风险管理体系	Система управления рисками
RNG	Range	航程，范围	Диапазон
RO	Roll out	总装推出	Выкатка
RPKs	Revenue passenger kilometers	旅客周转量	Доход от пассажирооборота
RSP	Risk sharing partner	风险分担伙伴	Партнёр, берущий на себя часть риска
RSS	Risk sharing suppliers	风险分担供应商	Распределение рисков поставщиков
RTE	Route	航线	Маршрут
RTKs	Revenue ton kilometers	运输总周转量	Доход от грузооборота
RV	Requirements validation	需求确认	Утверждение требований
RV	Requirements verification	需求验证	Проверка требований
		S	
SA	System architecture	系统架构	Архитектура системы
SAR	System acceptance review	系统验收评审	Обзор приема системы
SB	Service bulletin	服务通告	Сервисный бюллетень
SBOM	Service bill of material	服务物料清单	Эксплуатационная ведомость материалов
SC	Special condition	专用条件	Специальное условие

续表

缩略语	英文全称	译 文	俄 文
SCI	Configuration item for system view	系统视图构型项	Элемент конфигурации для просмотра системы
SCI	Safety critical item	安全性关键项目	Критический по безопасности элемент
SCI	Software configuration index	软件构型索引	Индекс конфигурации программного обеспечения
SCM	Software configuration management	软件构型管理	Управление конфигурацией программного обеспечения
SCMP	Software configuration management plan	软件构型管理大纲	План управления конфигурацией программного обеспечения
SCN	Specification change notice	规范更改通知	Уведомление об изменении спецификации
SDP	Software development plan	软件研发计划	План разработки программного обеспечения
SDR	System definition review	系统定义评审	Обзор определения системы
SQA	Software quality assurance	软件质量	Обеспечение качества программного обеспечения
SQAP	Software quality assurance plan	软件质量保证大纲	План обеспечения качества программного обеспечения
SVP	System verification plan	软件验证计划	План проверки системы
SCN	Specification change notice	规范更改通知	Уведомление об изменении спецификации
SDD	System description document	系统表述文档	Документ описания системы
SDM	Design module for system view	系统视图设计模块	Модуль проектирования для просмотра системы
SDR	System definition review	系统定义评审	Обзор определения системы
SDRL	Supplier data requirement list	供应商数据要求表	Перечень требований к данным поставщиков

续表

缩略语	英文全称	译　文	俄　文
SE	Systems engineering	系统工程	Системная инженерия/разработка систем
SEI	Software engineering institute	软件工程协会	Институт программной инженерии
SES	Support equipment summary	支援设备摘要	Резюме оборудования технического обслуживания
SF	Start-to-finish	开始到完成	Старт-финиш
SFE	Seller furnished equipment	卖方提供设备	Обеспечение оборудованием продавцом
SI	International system of units	国际单位制	Международная система единиц
SI	System integration	系统集成	Интеграция системы
SI	Standard item	标准项目	Стандартный элемент
SLO	Link object for system view	系统视图关联对象	Связуемый объект для просмотра системы
SIR	System level requirements	系统级需求	Требования к уровню системы
SLR	Subsystem level requirements	子系统级需求	Требования к уровню подсистемы
SM	Scenario modeling	场景建模	Моделирование сценариев
SM	Standard manual	标准件手册	Стандартное руководство
SMS	Safety management system(airworthiness)	安全管理系统(适航)	Система управления безопасностью (лётная годность)
SOW	Statement of work	工作说明书	Описание работ
SPI	Schedule performance index	进度绩效指数	Индекс выполнения сроков
SPL	Standard payload	标准商载	Стандартная полезная нагрузка

续表

缩略语	英文全称	译 文	俄 文
SPP	Standard passenger payload	标准旅客商载	Стандартная пассажирская нагрузка
SPSA	Supplier product support agreements	供应商产品保障协议	Соглашения о поддержке продуктов поставщиков
SRB	Standing review board	独立评审委员会	Независимаянаблюдательная комиссия
SDR	System requirements document	系统需求文件	Документ требований к системам
SRM	Structure repair manual	结构修理手册	Руководство по ремонту и эксплуатации
SRM	Safety risk management(airworthiness)	安全风险管理(适航)	Управление рисками безопасности(лётная годность)
SRR	System requirements review	系统需求评审	Обзор системных требований
SS	Start-to-start	开始到开始	Старт-старт
SSA	System safety assessment	系统安全评估	Оценка безопасности системы
SSM	System schematic manual	系统原理图	Схематическое руководство по системе
SSPL	Single ship part list	单机零件清册	Список деталей отдельных судов
STC	Supplemental type certificate	补充型号合格证	Дополнение к сертификату типа
STE	Simplified technical english	简化技术英语	Упрощённый технический английский
SV	Schedule variance	进度偏差	Отклонение по срокам
SVCI	Service view configuration item	服务构型项	Элемент конфигурации просмотра службы
SVDM	Service view data module	服务数据模块	Модуль представления просмотра службы
SVLO	Service view link object	服务关联对象	Связуемый объект просмотра службы

续表

缩略语	英文全称	译文	俄文
SWOT	SWOT analysis	强弱利弊分析	Анализ преимущества, недостаки, возможностей и угроз
		T	
T	Test	测试	Испытание
TAT	Turn-around time	过站时间	Время подготовки к очередному полёту
TB	Traceability	可追溯性	Отслеживаемость
TC	Target completion data	目标完成日期	Выполненное время цели
TC/TDA	Type certificate/Type design approval	型号合格证和型号设计批准书	Сертификат типа/Одобрение типовой проект
TCAC	Target cost at completion	竣工目标成本	Целевая стоимость при завершении
TCB	Type certification board	型号合格审定委员会	Комиссия по сертфикации типа
TCM	Technical coordination memo	技术协调备忘录	Памятка о технической координации
TCPI	To-complete performance index	完工尚需绩效指数	Показатель результативности до завершения (ИПДЗ)
TCT	Type certification team	型号合格审定审查组	Группа сертфикации типа
TDP	Technical data package	成套技术资料	Комплект технических данных
Telecon	Teleconference	电话会议	Телефонная конференция
TEM	Tool and equipment manual	工具和设备手册	Руководство по инструментам и оборудованию
TF	Total float	总浮动时间	Общий поплавок времени

续表

缩略语	英文全称	译 文	俄 文
TG	Toll gate	门禁	Платный шлагбаум
TIA	Type inspection authorization	型号检查核准书	Разрешение на инспекцию типа
TIR	Type inspection report	型号检查报告	Отчет об инспекции типа
TLAR	Top level aircraft requirements	顶层飞机需求	Требования к воздушному судну высшего уровня
TLARD	Top level aircraft requirements document	顶层飞机需求文件	Документ требований к воздушному судну высшего уровня
TLQRD	Top level quality requirements document	顶层质量需求文件	Документ требований к качеству высшего уровня
TLSRD	Top level system requirements document	顶层系统需求文件	Документ требований к системам высшего уровня
T&M	Time and material contract	工料合同	Контракт«время и материалы»
TO	Technical order	技术规程，技术说明	Техническое наставление
TOD	Takeoff distance	起飞距离	Взлётная дистанция
TQM	Total quality management	全面质量管理	Всестороннее управление качества
TRL	Technology readiness level	技术成熟度水平	Уровень готовности технологии
TRR	Test readiness review	试验准备状态评审	Проверка готовности к испытаниям
TSD	Technical specification document	技术规范文件	Техническая спецификация
TSO	Technical standard order	技术标准规定	Инструкция по применению технических стандартов

续表

缩略语	英文全称	译文	俄文
TUR	Test uncertainty ratio	测试不确定度比	Отношение неопределённостей испытаний
TZ	Time zone	时区	Часовой пояс
		U	
UFW	Unusable fuel weight	不可用燃油重量	Вес неиспользуемого топлива
UMC	Unit manufacturing cost	单机成本	Себестоимость изготовления единицы продукции
UUT	Unit under test	被测单元	Испытываемый узел
		V	
VAC	Variance at completion	完工偏差	Отклонение по завершении(ОПЗ)
VAT	Value added tax	增值税	Налог на добавленную стоимость
VE	Value engineering	价值工程	Функционально-стоимостной анализ(ФСА)
VFR	Visual flight rules	目视飞行规则	Правила визуальных полётов
VIM	Vendor information manual	供应商信息手册	Справочное руководство по поставщикам
VIS	Visibility	能见度	Видимость
VL	Vendors list	供应商清单	Список поставщиков
VM	Verification matrix	验证矩阵	Матрица верификации
VPSA	Vendor product support agreement	供应商产品支持协议	Соглашение о поддержке продукта поставщика
VSBS	Vendor service bulletin status	供应商服务通报状态	Статус сервисного бюллетеня поставщика

续表

缩略语	英文全称	译　文	俄　文
V&V	Verification and validation	验证与确认	Верификация и валидация
W			
WBM	Weight and balance manual	重量平衡手册	Руководство по центровке и загрузке
WBS	Work breakdown structure	工作分解结构	Структуры разбивки работ
WDM	Wiring diagram manual	线路图手册	Руководство по составлению монтажной схемы
WE	Weight engineer	重量工程师	Инженер-весовщик
WEB	Weight engineering board	重量工程委员会	Комиссия повесовой технике
WEO	Weight engineering office	重量工程办公室	Отдел весовой техники
WMB	Weight management board	重量管理委员会	Комиссия по управлению весом
WP	Work package	工作包	Перечень работ
Y			
YCF	Economy class-front	前经济舱	Экономкласс-спереди
YCR	Economy class-rear	后经济舱	Экономкласс-сзади
Z			
ZAM	Zone and access manual	区域和口盖手册	Руководство по зонам и доступам

参考文献

[1] PMI（Project Management Institute）. 项目管理知识体系指南（中文版第 5 版）[M]. 北京：电子工业出版社，2013.

[2] 全国科学技术名词审定委员会. 航空科技技术名词（全藏版）[M]. 北京：科学出版社，2016.

[3] 菲利普·马拉沃，克里斯托夫·本那罗亚. 航空航天市场营销管理[M]. 北京：航空工业出版社，2009.